超可爱儿童
裁剪制作

为3个月至5岁宝宝打造的实用手作服

含实物大纸型及贴布模板

[英] 罗伯·梅列特 著

Miss 葵 译

河南科学技术出版社

·郑州·

First published in the United Kingdom under the title *Cute Clothes for Kids* by CICO , an imprint of Ryland and Peters & Small Limited
20-21 Jockey's Fields London WC1R 4BW

著作权合同登记号：豫著许可备字-2015-A-00000159

图书在版编目(CIP) 数据

超可爱儿童服装裁剪制作/ (英) 罗伯·梅列特著；Miss葵译.—郑州：河南科学技术出版社，2017.1
ISBN 978-7-5349-8358-0

Ⅰ．①超… Ⅱ．①罗… ②M… Ⅲ．①童服—服装量裁 Ⅳ．①TS941.716.1

中国版本图书馆CIP数据核字(2016)第221600号

出版发行：河南科学技术出版社
　　　　地址：郑州市经五路66号　邮编：450002
　　　　电话：（0371）65737028　65788633
　　　　网址：www.hnstp.cn
策划编辑：李　洁
责任编辑：李　洁
责任校对：金兰苹
封面设计：张　伟
责任印制：张艳芳
印　　刷：河南瑞之光印刷股份有限公司
经　　销：全国新华书店
幅面尺寸：213 mm×218 mm　　印张：7　字数：160 千字
版　　次：2017年1月第1版　　2017年1月第1次印刷
定　　价：39.80元

如发现印、装质量问题，影响阅读，请与出版社联系并调换。

目　录

前　言

当下，消费者越来越重视产品制造的合理性与真实性。在如今这个充斥着廉价商品、过量生产、花哨推销甚至一些误导性广告的世界里，这本小书将为您展示一件简单的事情，那就是用最传统的手艺制作出实用又时尚的儿童服装，确保每一件充满个性的缝纫作品都在不浪费资源的前提下，丰富宝宝的衣柜。

这本书不仅仅只是简单地介绍如何制作服装，而是注重于介绍如何制作出与众不同、令人振奋而不是大多数商场里能买到的服装。抽出时间来享受亲自动手制作的过程，感受这种自豪感和成就感，这也是制作成果的一部分。

总是为了寻觅新颖和具有创造力的材料而流连于当地的布料、缝纫杂货店，为什么不废物利用呢？多余的边角料，褪色的桌布，柔软的窗帘、垫子、椅套等都可以缝制成新的手工品，给你的缝纫带来独特又丰富的素材以及安心的熟悉感。衣柜里那些曾经特别喜欢但已经磨破了的衣服上的可爱纽扣、刺绣、丝带，也可以保存起来作为装饰。

我的目的是给孩子们穿孩子们的衣服——遗憾的是，他们不会当孩子太久，因此，我喜欢这样的衣服——穿起来很舒适，可以陪伴他们轻松地从一个场合到另一个场合；可以每天都穿，也可以穿着它度过一年中每一个特别的日子。书中的内容都是为了满足这种需求、提供更多选择而设计的。对于女孩儿们，有童话般的宴会连衣裙、吊带太阳裙和别致的小外套；对于男孩儿们，有简便的松紧长裤、凉爽的海滩衬衫和街头连帽衫。

我希望可以鼓励大家进行手工制作和缝纫，并保证这一过程充满创造性的乐趣。无论如何，不要忘记好质量的材料、设备和耐心的重要性——用心去制作，回报将是巨大的。

祝缝纫愉快……记得要先用珠针固定和疏缝哦！

小鸟派

　　这件秀气的太阳裙没有令人烦恼的"少女"细节,但又极其柔美——是绝对符合"简饰"理念的完美范例。它非常容易制作,而且,如果你时间不够充裕,也可以用长长的漂亮丝带替代肩部的系带。鲜艳色彩印染的可爱鸟笼图案,搭配荷叶边装饰的衬裙,展现着无忧无虑的情怀。

准备材料:

- 附页纸型C——前片(C1),后片(C2),肩带(C3)
- 112cm 幅宽印花布 50cm
- 112cm 幅宽衬里布 25cm
- 匹配的线

尺码:3、6、9个月
无特别说明均留1cm缝份。

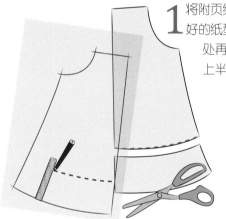

1 将附页纸型中C1、C2、C3描摹在硫酸纸上。裁剪描摹好的纸型之前,分别将C1和C2于裙身底边向上12.5cm处再画一条与之平齐的曲线,将纸型剪开,只留取上半部分作为裙身模板待用。

2 利用步骤1制作好的纸型,在印花布上裁剪裙身前、后片各一片,肩带用布八片,并裁剪两片8.5cm×70cm和两片14.5cm×70cm的印花布用于裙摆荷叶边。在衬里布上裁剪裙身前、后片各一片。取掉纸型前,须将所有记号在布料上做好标记。

3 制作肩带(参见第113页)。翻到正面,熨平,待用。

4 将两片8.5cm×70cm的长方形印花布正面相对,短边缝合,形成环状,缝份摊开并熨平。底边依次向布料反面折入0.5cm和1cm进行双层卷边缝(参见第113页)。用同样的方法处理两片14.5cm×70cm的长方形印花布。

5 印花布裙身前片和后片正面相对,两肋缝合,缝份摊开并熨平。用同样的方法缝合衬里布裙身前、后片。

6 将步骤4准备好的两个布环抽褶制作成与裙身底边长度相等的荷叶边（参见第114页）。略窄的荷叶边正面与外裙身正面相对，底边对齐，须确保褶皱分布均匀，疏缝固定后用缝纫机缝合。略宽的荷叶边正面与衬裙身的反面相对，底边对齐缝合，同样要确保褶皱分布均匀。

7 已制作好的四条肩带用珠针分别固定在外裙身前、后片距离袖窿边缘1cm处，正面相对，上边缘对齐，机器粗缝固定。

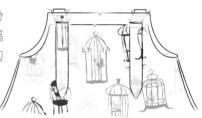

8 外裙与衬裙正面相对，布边对齐，用珠针固定好。将袖窿周围以及像"宝宝围嘴"的部分全部缝合。仔细修剪掉多余的缝份、夹角，并在弧度处剪牙口。

9 将裙子翻到正面，整理好"围嘴"部位和肩带，并将缝合部分仔细熨烫平整。

10 制作完成，打结系好肩带。

小怪兽

　　这种制作方法其实容易极了，尤其面对的其中一部分已经是半成品的时候。从商店买来的T恤可以进行有趣的个性化主题装饰，比如加上灵感来自短裤印花布上的古怪图案的奇趣贴。如果你决定运用这些图案，这其实是一个非常简单的过程，只需要一个熨斗；当然，如果需要精准度高一些，用细密的锯齿形线迹或毛毯绣线迹来拷边，效果将会看起来更加专业，并且不易绽开。

准备材料：

T恤
- 市售 T 恤一件
- 贴布模板（头骨、骨头），见第 122 页
- 各色棉府绸碎布片，用于贴布
- 奇异衬（也称 MF 纸，网上有售）
- 匹配的线和撞色线

短裤
- 附页纸型 B——前片（B1），后片（B1）
- 口袋模板 2，见第 125 页
- 112cm 幅宽印花布 30cm
- 2.4cm 宽包边条 46cm
- 2cm 宽撞色包边条 4cm
- 1.3cm 宽松紧带 38cm
- 匹配的线

尺码：3、6、9个月
无特别说明均留1cm缝份。

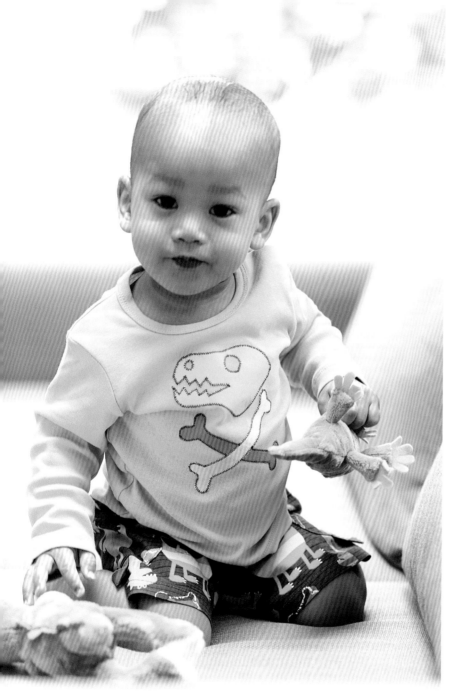

T 恤

1 将贴布模板（头骨、骨头）的图案描在卡纸上并剪下。剪一块足够大的可以容纳下图案的奇异衬。把奇异衬放在贴布用布料的反面，胶面朝下，用熨斗熨烫使其黏合。

2 用铅笔在已经粘好布料的奇异衬的纸面上，沿卡纸模板分别描画图案，仔细剪下（一个头骨和两根骨头），放在一边备用。

3 在衣服前胸选好合适位置，把贴布图案背后奇异衬的纸撕去，将图案熨烫在T恤上（参见第118页）。用锯齿形线迹（Z形线迹）沿图案边缘拷边。从头骨外围开始，然后是眼眶和鼻孔，最后是交叉的骨头。

短裤

1 将附页纸型中B1描摹在硫酸纸上并剪下。在印花布上裁剪前片一片、后片一片以及边长为15cm的正方形口袋（依据口袋模板2）用布两片。取掉纸型前，须将所有记号在布料上做好标记。

2 用15cm长的包边条为每一块口袋布的上边缘包边（参见第118页），制作好口袋（参见第117页）。

3 制作口袋襻环，将步骤2剩余的包边条竖向对折，尽可能靠近两侧的边缘车明线。再将其对半剪成两段，每一段分别如图折成环状并机缝固定。

4 口袋放置在裁好的印花布上，距离裤脚口底边6cm、裤前中线9cm处。口袋下方插入做好的襻环，再把用撞色包边条折好制成的侧标插入侧边，尽可能靠近口袋边缘车明线将其固定。用同样的方法在另一块印花布上也缝好口袋。

5 其中一块印花布正面相对对折，形成一条裤腿。用珠针别好，疏缝腿内侧的布边，缝合下裆线。用同样的方法制作好另一条裤腿。缝份摊开并熨平。

6 把一条裤腿翻到正面，并套在另一条裤腿中，两条裤腿布料正面相对。对齐布边，用珠针别好，疏缝，沿着从前裆到后裆的整条弯曲的中心线将其缝合。修剪缝份并在弧度处剪牙口。

7 制作松紧腰（参见第116页）。穿入松紧带，调整到腰部舒适的程度，把松紧带两端接缝好，并缝合轨道的开口处。

8 裤脚口依次向内折入0.5cm和1cm进行双层卷边缝（参见第113页）。

去野餐

　　在海滩或者夏日野餐的时候，这款简约、实用而且轻而易举就可以制作的嬉戏服真是太完美了。实实在在地说，条格棉布使它看起来充满清新的气息而极具吸引力，而撞色的扣子、醒目的侧标，又为它增添了几分色彩魅力。

准备材料：

- 附页纸型 A——上身前片（A1），下身前片（A2），上身后片（A3），下身后片（A4），三角袋盖口袋（A5）
- 口袋模板 1，见第 125 页
- 后腰襻模板，见第 125 页
- 112cm 幅宽条格棉布80cm
- 2cm 宽水玉包边条 3 条，各 4cm
- 直径 2cm 纽扣 5 颗
- 带胶薄布衬
- 匹配的线和撞色线

尺码：3、6、9个月

无特殊说明均留1cm缝份

1 将附页纸型中A1、A2、A3、A4、A5描摹在硫酸纸上并剪下。条格布料双层折叠，A1和A3纸型上的中心折双线要与布料的折叠线重合，分别裁剪上身前片、上身后片、下身前片、下身后片、三角袋盖口袋用布各两片。在剩余布料上裁剪三片边长为12cm的正方形口袋用布（依据口袋模板1），以及一片12cm×16cm的长方形后腰襻用布（依据后腰襻模板）。取掉纸型前，须将所有记号在布料上做好标记。

2 取一片上身前片和一片上身后片，分别在肩带部位熨烫上带胶薄布衬进行加固（参见第112页），这部分将用于制作上身衬里。

3 剩下的上身前片和上身后片布料正面相对，胁边缝合，作为外层，缝份摊开并熨平。用同样的方法将烫有薄布衬的上身前、后片制成衬里。

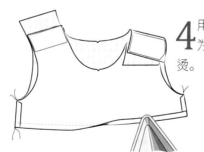

4 用缝纫机在距衬里下边缘1cm处车一条线作为参照，沿这条缝线仔细地折起缝份并熨烫。

5 外层与衬里套在一起，正面相对，胁边对齐，以珠针固定好。沿袖窿、肩带、领口全部缝合。仔细修剪掉多余的缝份、夹角，并在弧度处剪牙口。

6 衬里翻到内侧，掏出肩带整理熨烫。在熨烫好的上身边缘车一道明线。

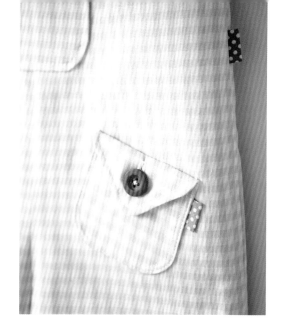

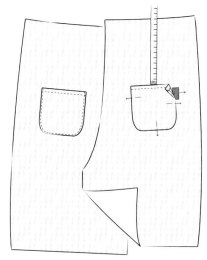

7 把三块边长12cm的正方形布料制作成口袋（参见第117页），放在一边备用。其中两个固定于距下身后片上边缘12.5cm、裤后中线5cm的位置上，固定口袋时把其中一个用包边条折叠制成的侧标插入右口袋侧边。

8 制作双层三角袋盖口袋（参见第117页），边缘车明线，并在三角形尖角处制作扣眼。把三角形袋盖向下折并熨烫。在与扣眼匹配的位置缝上纽扣。

9 三角袋盖口袋用珠针别在距下身前片上边缘10cm处，并倾斜一定角度，插入另一个用包边条制成的侧标。固定缝合口袋的两侧边和底边。

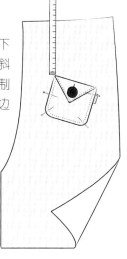

10 下身前、后片布料正面相对（其中一条裤腿插入最后一个用包边条制成的侧标），缝合外侧线，缝份摊开并熨平。

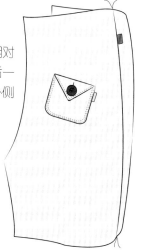

11 缝合腿部内侧下裆线，缝份摊开并熨平。一条裤腿翻到正面，套在另一条裤腿中，两条裤腿布料正面相对。对齐布边，用珠针别好，疏缝，沿着从前裆到后裆的整条弯曲的中心线将其缝合。修剪缝份并在弧度处剪牙口。

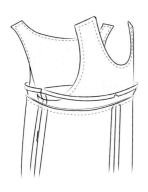

12 上身外层前、后片下沿与下身裤子前、后片上沿对齐，布料正面相对缝合，缝份倒向上身并熨烫。

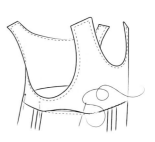

13 将熨烫好并车有参照线的上身衬里缝份与上身外层和裤子的接合缝份对齐，用珠针固定后缲缝。缲缝时，让手缝针穿过车缝线针脚，这样看起来边缘衔接更平整。

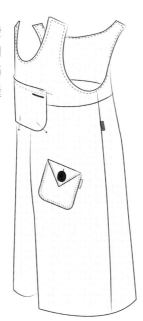

14 用撞色线在剩下的口袋布上制作扣眼。口袋用珠针别在嬉戏服的正面上身与下身连接的中间位置，固定缝合口袋的两侧边和底边。

15 在每条前肩带距离肩带顶部边缘1.5cm处制作扣眼，在后肩带合适位置钉纽扣。

16 裤脚口依次向内折入0.5cm和1cm进行双层卷边缝（参见第113页）。

17 将12cm×16cm的布块横向对折，正面相对，制作后腰襻（参见第117页）。在嬉戏服的背后缝好后腰襻和纽扣。

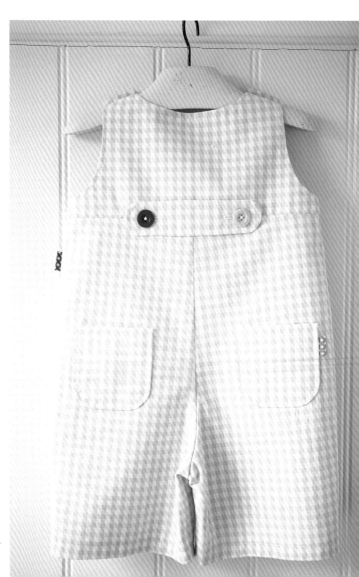

婴儿篇

玻璃花

　　这款原本严肃的嬉戏服在迷人的"千花玻璃"——或者简单地称作"千花"——印花棉布和古董钩编花边的帮助下，被改造得极具个性。可爱的特制蝴蝶结也为这件本来就很精彩的小衣服起到了画龙点睛的修饰作用。

准备材料：

* 附页纸型 A——上身前片（A1），下身前片（A2），上身后片（A3），下身后片（A4）
* 112cm 幅宽印花布 100cm
* 带胶薄布衬
* 2.5cm 宽钩编花边 250cm
* 直径 2cm 纽扣 2 颗
* 匹配的线

尺码：3、6、9个月
无特殊说明均留1cm缝份

1 将附页纸型中A1、A2、A3、A4描摹在硫酸纸上并剪下。印花布双层折叠，A1和A3纸型上的中心折双线要与布料的折叠线重合，分别裁剪上身前片、上身后片、下身前片、下身后片和12.5cm×62cm荷叶边用布各两片。取掉纸型前，须将所有记号在布料上做好标记。

2 取一片上身前片和一片上身后片，分别在肩带部位熨烫上带胶薄布衬进行加固（参见第112页）。

3 在另一片上身前片距底边4cm处，取一段钩编花边横拉过前胸，用珠针别好，疏缝，以锯齿形线迹（Z形线迹）固定缝合。

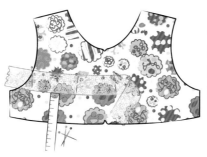

4 带有花边的上身前片和剩下的上身后片正面相对，胁边缝合，作为外层。缝份摊开并熨平。

5 重复步骤4，将烫有薄布衬的前、后片缝合，作为衬里。用缝纫机在距衬里下边缘1cm处车一条线作为参照，沿这条缝线仔细地折起缝份，并熨烫。

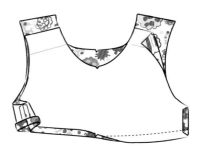

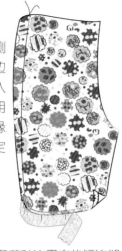

6 将外层与衬里套在一起，正面相对，胁边对齐，以珠针固定好。沿袖窿、肩带、领口全部缝合。仔细修剪掉多余的缝份、夹角，并在弧度处剪牙口。

7 衬里翻到内侧，掏出肩带整理熨烫。在熨烫好的上身边缘车一道明线。

8 下身前、后片布料正面相对，缝合侧边。缝份摊开并熨平。裤脚口双层卷边缝（参见第113页），底边依次向内折入0.5cm和1cm。取一段钩编花边，沿裤脚口用珠针固定在卷边边缘上方，使花边的上边缘与缝线重合，以锯齿形线迹（Z形线迹）固定缝好。用同样的方法制作右裤腿。

9 布料正面相对，缝合每条裤腿的下裆线。缝份摊开并熨平。一条裤腿翻到正面，套在另一条裤腿中，两条裤腿布料正面相对。对齐布边，用珠针别好，疏缝，沿着从前裆到后裆的整条弯曲的中心线将其缝合。修剪缝份并在弧度处剪牙口。

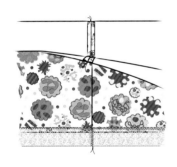

10 两条荷叶边用布的短边缝合，形成环状。缝份摊开并熨平。底边依次向布料反面折入0.5cm和1cm进行双层卷边缝处理（参见第113页）。取一段钩编花边，用珠针固定在卷边边缘上方，使花边的上边缘与缝线重合，以锯齿形线迹（Z形线迹）固定缝好，尾部折叠相接。

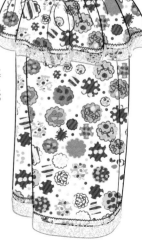

11 布环抽褶制作成与裤腰长度相等的荷叶边（参见第114页）。疏缝后，用缝纫机把它固定缝合在裤腰上，须确保褶皱分布均匀。

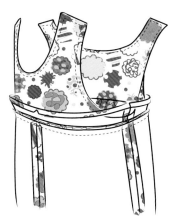

12 上身外层下沿与裤子上沿对齐，布料正面相对缝合。缝份倒向上身并熨烫。

13 将熨烫好并车有参照线的上身衬里缝份与上身外层和裤子的接合缝份对齐，用珠针固定后缲缝。缲缝时，让手缝针穿过车缝线针脚，这样看起来边缘衔接更平整。

14 在每条前肩带距离肩带顶部边缘1.5cm处制作扣眼，在后肩带合适位置钉纽扣。

15 剪一段长20cm的钩编花边制作成蝴蝶结（参见第118页），把它缝在胸前花边的正中间。

春日果园

甜蜜的杏仁色和超柔美的气质，这款迷人的连衣裙和短裤套装一定会让小宝宝和童心未泯的人都感到高兴。秀气的小树主题印花棉布，漂亮的扇形花边细节，可爱的手工制作蝴蝶结，还有温柔的小动物布贴，这实在是一款极其适合"寻找复活节彩蛋活动"的春日套装。

准备材料：

连衣裙

- 附页纸型 A ——上身前片（A1），上身后片（A3）
- 112cm 幅宽印花布 60cm
- 6cm 宽孔眼花边（英格兰刺绣）125cm
- 1.3cm 宽包边条 160cm
- 小动物熨烫布贴
- 带胶薄布衬
- 直径 1.8cm 纽扣 2 颗
- 匹配的线

短裤

- 附页纸型 B——前片（B1），后片（B1）
- 印花布 25cm × 90cm
- 1.3cm 宽包边条 48cm
- 小动物熨烫布贴
- 0.5cm 宽松紧带 80cm
- 匹配的线

尺码：3、6、9个月
无特殊说明均留1cm缝份

连衣裙

1 将附页纸型中A1、A3描摹在硫酸纸上并剪下。印花布双层折叠，A1和A3纸型上的中心折双线要与布料的折叠线重合，裁剪上身前片、上身后片各两片。并裁剪两片17cm×62cm的布料作为裙摆的前、后片。取掉纸型前，须将所有记号在布料上做好标记。

2 取一片上身前片和一片上身后片，分别在肩带部位熨烫上带胶薄布衬进行加固（参见第112页）。这部分将用于制作上身衬里。

3 剩下的上身前片和上身后片布料正面相对，胁边缝合，作为外层。缝份摊开并熨平。用同样的方法将烫有薄布衬的上身前、后片制成衬里。

4 用缝纫机在距衬里下边缘1cm处车一条线作为参照，沿这条缝线仔细地折起缝份并熨烫。

5 外层与衬里套在一起，正面相对，胁边对齐，用珠针固定好。沿袖窿、肩带、领口全部缝合。仔细修剪掉多余的缝份、夹角，并在弧度处剪牙口。

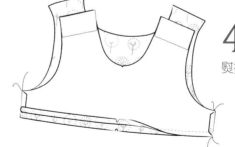

6 衬里翻到内侧，掏出肩带整理熨烫。在熨烫好的上身边缘车一道明线。

7 制作裙摆，将两块17cm×62cm的布料短边相接缝合，形成环状。缝份摊开并熨平。下摆底边依次向布料反面折入0.5cm和1cm进行双层卷边缝处理（参见第113页）。

8 用珠针将孔眼花边别在下摆边缘上方，疏缝，固定缝合，花边接口处整齐地缝入侧缝中。取一段包边条，缝合在孔眼花边上，距离花边上边缘0.5cm处。再取一段包边条制作成蝴蝶结（参见第118页），把它缝在下摆包边条的合适位置。

9 裙摆抽褶，使其与上身底边长度相等（参见第114页）。裙摆与外层底边对齐缝合，需确保褶皱分布均匀。

10 将熨烫好并车有参照线的上身衬里缝份与外层和裙摆的接合缝份对齐，用珠针固定后缲缝。缲缝时，让手缝针穿过车缝线针脚，这样看起来边缘衔接更平整。

11 在每条前肩带距离肩带顶部边缘1.5cm处制作扣眼，在后肩带合适位置钉纽扣。

12 依照生产商的说明书，在胸前熨烫好小动物布贴。

短裤

1 将附页纸型中B1描摹在硫酸纸上，在裤脚口向上5cm处画线，沿该线剪出新的纸型。在印花布上裁剪左腿和右腿布料各一片。

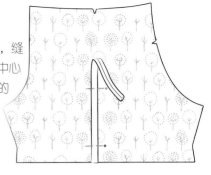

2 取一段包边条，缝在裤腿布料的中心位置，形成裤子的侧边装饰线。

3 裤脚口底边向布料反面折起1cm，熨平，锯齿锁边（参见第118页）。

4 在裤脚口制作松紧褶边（参见第114页）。

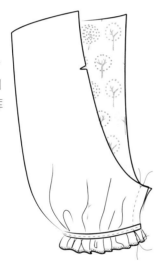

5 裤腿布料正面相对，对齐布边。用珠针别好，疏缝，缝合裤腿内侧下裆线。用同样的方法做好另一条裤腿。缝份摊开并熨平。

6 一条裤腿翻到正面，套在另一条裤腿中，两条裤腿布料正面相对。对齐布边，用珠针别好，疏缝，沿着从前裆到后裆的整条弯曲的中心线将其缝合。修剪缝份并在弧度处剪牙口。

7 制作松紧腰（参见第116页）。裤腰上缘布边依次向内折入0.5cm和2cm。穿入松紧带，调整到腰部舒适的程度，把松紧带两端接缝好，并缝合轨道的开口处。

8 在一条裤腿靠近外侧裤线的位置熨烫好小动物布贴。

准备材料：

连衣裙

- 附页纸型C——前片（C1），后片（C2），肩带（C3）
- 口袋模板1，见第125页
- 口袋模板3（花朵口袋），见第125页
- 112cm 幅宽主色布 50cm
- 112cm 幅宽撞色布 50cm
- 小片素色布，用于花芯
- 小片奇异衬（MF 纸）
- 2cm 宽包边条 110cm
- 匹配的线

短裤

- 附页纸型B——前片（B1），后片（B1）
- 112cm 幅宽印花布 25cm
- 0.5cm 宽松紧带 80cm
- 匹配的线

尺码：3、6、9个月
无特殊说明均留1cm缝份

双面花儿

两面穿的衣服有它的优点，特别是一件用两种布料做成的小裙子——基本说来，一件可以当两件穿。这不是非常新奇与方便吗？再搭配上一条配套的小短裤，如果你愿意，配上一条用撞色布做成的短裤会更有意思。

连衣裙

1 将附页纸型中C1、C2、C3描摹在硫酸纸上并剪下。在主色布上裁剪一片前片、一片后片、四片肩带布，两片边长12cm的正方形口袋用布（依据口袋模板1）。在撞色布上裁剪一片前片、一片后片、四片肩带布，一片14cm×28cm的长方形布。取掉纸型前，须将所有记号在布料上做好标记。

2 制作肩带，每组一片主色布和一片撞色布正面相对，布边对齐缝合（参见第113页）。

3 将14cm×28cm的长方形撞色布正面相对，纵向对折，花朵口袋模板置于其上描下。两层布料用珠针别好，车缝花朵轮廓，在底部留返口。取掉珠针，沿花朵边缘留窄边缝份剪下，花瓣夹角处剪牙口。

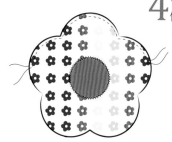

4 仔细从返口将花朵口袋翻到正面，卷起返口处缝份，整理好并熨烫。制作花芯，取一片素色布，背面熨烫好奇异衬，剪成一个圆形，把背面的纸撕去，熨烫在花朵中心位置并用锯齿形线迹（Z形线迹）拷克（参见第118页）。沿着口袋的上边缘，如图车明线。

5 在距离主色布前片胁边15cm处，车缝一条未折叠的8cm长度包边条作为花柄。花朵口袋放在花柄的合适位置车缝固定，留出顶部不缝作为口袋的开口。

6 将两块边长12cm的正方形布料制成口袋（参见第117页）。将其车缝在距离撞色布前片胁边6cm、底边9cm处。

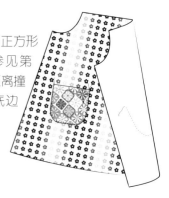

7 已制作好的四条肩带用珠针分别固定在主色布前、后片距离袖窿边缘1cm处，正面相对，上边缘对齐，机器粗缝固定。

8 主色布前、后片正面相对，胁边缝合，缝份摊开并熨平。用同样的方法缝合撞色布前、后片。

9 主色布裙身与撞色布裙身正面相对，套在一起，布边对齐，用珠针别好。将袖窿周围以及像"宝宝围嘴"的部分全部缝合。仔细修剪掉多余的缝份、夹角，并在弧度处剪牙口。

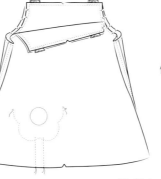

10 将裙子翻到正面，整理好"围嘴"部位和肩带，并将缝合部分仔细熨烫平整。外边缘车明线。

11 铺展这件双面穿的裙子，避免起皱，下摆边缘对齐并用珠针固定。在距裙摆底边1.5cm处将主色布与撞色布两层缝合，仔细修剪好缝线外侧的缝份。

12 裙摆包边（参见第118页），包边条头尾接合处各留取6cm，先将其连接起来，再把剩余未包边的裙摆置于包边条中，继续缝合。

13 制作完成，打结系好肩带。

短裤

1 将附页纸型中B1描摹在硫酸纸上，在裤脚口向上
5cm处画线，沿该线剪出新的纸型。在印花布上裁
剪左腿和右腿布料各一片。

2 裤脚口底边向布料反面
折入1cm，熨平，锯齿
锁边（参见第118页）。

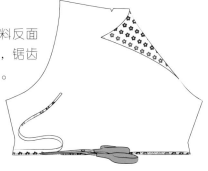

3 在裤脚口制作松紧褶边（参见第114页）。

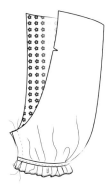

4 裤腿布料正面相对，对齐布
边。用珠针别好，疏缝，缝合
裤腿内侧下裆线。用同样的方法做
好另一条裤腿。缝份摊开并熨平。

5 一条裤腿翻到正面，套在另一条
裤腿中，两条裤腿布料正面相
对。对齐布边，用珠针别好，疏缝，
沿着从前裆到后裆的整条弯曲的中心
线将其缝合。修剪缝份并在弧度处剪
牙口。

6 制作松紧腰（参见第116页），裤腰
上缘布边依次向内折入0.5cm和
2cm。穿入松紧带，调整到腰部舒适的程
度，把松紧带两端接缝好，并缝合轨道的
开口处。

滑板兄弟

这款很棒的两件套，专为小"破坏者"而设计，它完全可以分开来穿，当孩子穿着它去郊区游玩时，回头率会非常高。裤子非常容易制作，T恤甚至更容易，因为它是直接从商店买来再加以改造的——一种将普通、没有特色、批量销售的商品变得时髦和个性的方式。当孩子们的服装预算紧张但又急需更新时，这不失为一个为旧爱注入新活力的好办法。

准备材料：

T恤

* 市售 T 恤一件
* 贴布模板（滑板），见第 124 页
* 黑色和撞色棉府绸碎布片，用于贴布
* 奇异衬（MF 纸）
* 匹配的线和撞色线

裤子

* 附页纸型 E——前片（E1），后片（E1）
* 口袋模板 4，见第 125 页
* 口袋模板 5（长方形袋盖），见第 125 页
* 112cm 幅宽格子花纹布 68cm
* 2cm 宽包边条 60cm
* 2cm 宽撞色包边条 4cm
* 直径 2cm 纽扣 4 颗
* 带胶薄布衬
* 1.3cm 宽松紧带 40cm
* 匹配的线

尺码：3、6、9个月
无特殊说明均留1cm缝份

T 恤

1 裁四块足够大的奇异衬，胶面与贴布用布反面相对，用热熨斗熨烫使其黏合；还需要两块黑色的布料，每块黑色搭配一块撞色布料。

2 将贴布模板（滑板）的图案描在卡纸上并剪下，用铅笔在已经粘好黑色布料的奇异衬的纸面上，沿卡纸模板描画这两份图案，仔细剪下。

3 在衣服前胸选好合适位置，把贴布图案背后奇异衬的纸撕去，将图案熨烫在T恤上（参见第118页）。

4 将卡纸上滑板的轮子剪下丢弃，用铅笔在已经粘好撞色碎布的奇异衬的纸面上，沿该纸型描画，剪下，将图案熨烫在黑色的滑板上。

5 用锯齿形线迹（Z形线迹）沿图案所有边缘拷边。从板身开始，然后是轮子。

6 用细密的锯齿形线迹（Z形线迹）沿着每一块滑板板身中心车线。当车缝衣服前片正面图案的时候，建议把T恤的前、后片分开，避免不小心将其缝在一起。

裤子

1 将附页纸型中E1描摹在硫酸纸上并剪下。在格子花纹布上裁剪两片前片、两片后片、两片17cm×19cm的口袋用布、两片17cm×19cm的袋盖用布。取掉纸型前，须将所有记号在布料上做好标记。两片袋盖用布背面熨烫上带胶薄布衬（参见第112页）。

2 制作口袋，未贴衬的口袋布沿其一边向布料反面折入2cm（参见第117页）。

3 制作袋盖，沿曲线裁剪，翻到正面。熨烫，边缘车明线，制作两个倾斜的扣眼（参见第117页）。

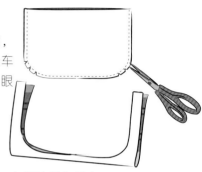

4 口袋放在裤腿上，距腰线下方18cm处。在侧边插入用撞色包边条折叠制成的口袋侧标，沿口袋边缘车明线。

5 把袋盖直接放在距口袋上方1cm的位置车缝固定。

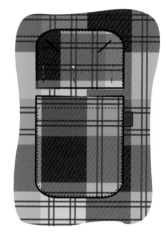

6 修剪掉缝份，袋盖向下折、熨烫，连同所有布层同时车缝袋盖顶部。缝上扣子，制作好口袋。重复步骤2~6，制作好另一条裤腿上的口袋。

7 裤腿布料正面相对，缝合裤腿内侧下裆线。缝份摊开并熨平。用同样的方法做好另一条裤腿。

8 一条裤腿翻到正面，套在另一条裤腿中，两条裤腿布料正面相对。对齐布边，用珠针别好，疏缝，沿着从前裆到后裆的整条弯曲的中心线将其缝合。修剪缝份并在弧度处剪牙口。

9 制作松紧腰（参见第116页）。穿入松紧带，调整到腰部舒适的程度，把松紧带两端接缝好，并缝合轨道的开口处。

10 制作一条装饰带，将60cm长的包边条横向对折，熨烫，在尽量靠近边缘的地方车明线。装饰带尾端折叠车缝好。在装饰带中点把装饰带缝在裤子前片腰部中心位置，再系成一个整齐的蝴蝶结。

11 裤脚口依次向内折入0.5cm和1cm进行双层卷边缝（参见第113页）。

梦幻花朵

这件小吊带衫，布满了色调惊人的梦幻花朵，是在向二十世纪六十年代的嬉皮士致敬。圆形的肩部育克，简洁而优雅，点缀着同样来自二十世纪六十年代的复古装饰——剪裁讲究的蝴蝶结。宽大的睡裤用柔软而富有弹力的亚麻布来制作，生动的花朵图案在裤脚卷边和腰部装饰系带上再次出现，共同完成了这一套搭配。

准备材料：

上衣

- 附页纸型 D——前片（D1），育克前片（D2），后片（D3），育克后片（D4）
- 口袋模板 1，见第 125 页
- 112cm 幅宽印花布 50cm
- 1.5cm 宽包边条 78cm，用于下摆包边
- 2cm 宽包边条 90cm，用于袖窿、口袋包边和制作蝴蝶结
- 条状缎带 4cm
- 拉链 15cm
- 匹配的线

裤子

- 附页纸型 E——前片（E1），后片（E1）
- 112cm 幅宽素色布 50cm
- 112cm 幅宽印花布 20cm
- 1.3cm 宽松紧带 40cm
- 匹配的线

尺码：3、6、9个月
无特殊说明均留1cm缝份

上衣

1 将附页纸型中D1、D2、D3、D4描摹在硫酸纸上并剪下。在印花布上裁剪一片前片（裁剪前片时布料要折叠）、两片后片、两片育克前片、两片育克后片、一片边长12cm的正方形口袋用布。取掉纸型前，须将所有记号在布料上做好标记。

2 前片（前襟）和两片后片（后襟）正面相对，缝合两胁，缝份摊开并熨平。

3 取2cm宽的包边条30cm为袖窿包边（参见第118页），另一袖窿同样处理。

4 将边长12cm的口袋用布沿其一边向布料反面折入2cm，制作好口袋（参见第117页），折进的边缘取一段2cm宽的包边条包边（参见第118页）。

5 将口袋固定在距离上衣前片下摆边缘约3cm、中线3.5cm处，取条状缎带折叠制成侧标插入口袋侧边。

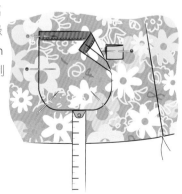

6 育克前、后片正面相对，肩线处缝合，缝份摊开并熨平，作为育克外片。剩余育克前、后片同上处理，作为育克衬里。在育克衬里外边缘1cm处车一条线作为折叠参照。

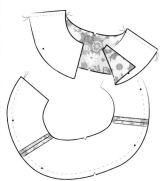

7 育克外片与前襟、后襟正面相对，上面的记号点与袖窿边缘对齐，疏缝固定并缝合。

8 沿着育克衬里的参照线仔细折起缝份并熨烫。

9 育克外片与衬里正面相对，肩线对齐，用珠针沿领口颈线别好并疏缝。机器车缝领口，并在弧度处修剪牙口。

10 仔细将育克衬里折烫起的缝份与育克外片外缘对齐，尤其是袖窿部分要格外注意。须确保育克平展、肩线对齐、袖窿包边结尾处平整地收拢。用珠针别好，疏缝，缝合整个育克边缘。

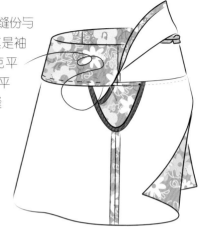

11 两片后襟布料正面相对，留1.5cm缝份，从下摆向上缝合后襟的中心线，约15cm。结尾处倒针加固。缝份摊开并熨平，剩余未缝合的中心线部分将作为后襟开口。

12 把拉链放在后襟开口下面，仔细疏缝在合适的位置。沿着疏缝的针脚，把拉链车缝好。

13 将1.5cm宽的包边条疏缝在下摆边缘，包边（参见第118页）。

14 用剩余的2cm宽的包边条折好制作成一个蝴蝶结（参见第118页），再将之固定在前片育克的正中间。

裤子

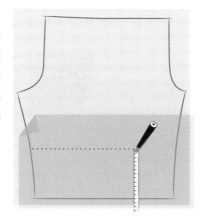

1 将附页纸型中E1下方部分描摹在硫酸纸上,自底边向上12cm处画一条横穿整块模板的水平线,沿此线剪下。这是制作卷边裤脚处贴边的模板。

2 将附页纸型中E1全部描摹在硫酸纸上并剪下,在素色布上裁剪两片前片、两片后片。用步骤1制作的模板在印花布上裁剪两片贴边用布。取掉纸型前,须将所有记号在布料上做好标记。

3 前、后片布料正面相对,缝合裤腿内侧下裆线。缝份摊开并熨平。用同样的方法做好另一条裤腿。

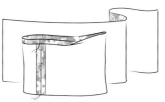

4 将贴边用布横向对折,布料正面相对,短边缝合。缝份摊开并熨平。每块贴边的一侧布边向布料反面折入1cm熨烫。

5 左裤腿与一块贴边套在一起,布料正面相对。下裆线与贴边接缝处对齐,用珠针别好,疏缝,将贴边与裤腿缝合,缝份留1.5cm。将缝好贴边的裤腿翻到正面,缝份摊开并熨平。

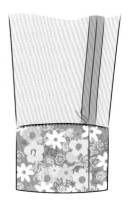

6 贴边向裤腿的反面折入,与接缝处对齐,熨烫好裤脚,确保几层布料都平展。在尽可能靠近贴边顶部、步骤4熨烫好的折缝边缘,将其与裤腿缝合固定。重复步骤5、6,制作好右裤腿。

7 一条裤腿翻到正面,套在另一条裤腿中,两条裤腿布料正面相对。对齐布边,用珠针别好,疏缝,沿着从前裆到后裆的整条弯曲的中心线将其缝。修剪缝份并在弧度处剪牙口。

8 制作松紧腰(参见第116页)。穿入松紧带,调整到腰部舒适的程度,把松紧带两端接缝好,并缝合轨道的开口处。

9 从印花布上剪一片4cm×56cm的布条制成装饰带(参见第113页)。在装饰带中点把装饰带缝在裤子前片腰部中心位置,再系成一个整齐的蝴蝶结。

绚丽波点

　　很多小女孩都梦想着拥有一条荷叶裙（"荷叶边礼服"）——西班牙弗拉明戈舞蹈家的华丽服装——那么这儿，就有一款改良的、穿着舒适的版本。绚丽的波点，宽大的双层荷叶边，似乎都在暗示着一定会有一场大胆而精彩的表演。

准备材料：

- 附页纸型 F——前片（F1），后片（F2）
- 贴布模板（蝴蝶结），见第120页
- 112cm 幅宽印花布 135cm
- 撞色布 14cm×16cm，用于贴布
- 2cm 宽包边条 170cm
- 带胶薄布衬
- 奇异衬（MF纸）
- 直径 1.8cm 纽扣 2 颗
- 匹配的线

尺码：1、2岁
无特殊说明均留1cm缝份

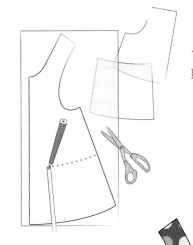

1 将附页纸型中F1、F2描摹在硫酸纸上。裁剪描摹好的纸型之前，分别将F1和F2于裙身底边向上17cm处再画一条与之平齐的曲线，将纸型剪开，只留取上半部分作为裙身模板待用。

2 利用步骤1做好的纸型，在印花布上裁剪两片前片、两片后片。再裁剪两片11.5cm×80cm的印花布作为外层荷叶边用布、两片20.5cm×80cm的印花布作为内层荷叶边用布。

3 准备并裁剪好贴布模板（蝴蝶结）的图案，把它贴缝在裙身正面（参见第118页）。

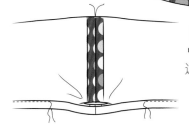

4 制作外层荷叶边，将两片11.5cm×80cm的印花布正面相对，短边缝合，形成一个环，缝份摊开并熨平。

5 荷叶边包边（参见第118页），包边条头尾接合处各留取6cm，先将其连接起来，再把剩余未包的布边置于包边条中，继续缝合。

6 重复步骤4、5，用两片20.5cm×80cm的印花布制作好内层荷叶边。

7 裙身前、后片正面相对，缝合两胁，作为裙身外层。重复同样的步骤缝合另两片前、后片作为裙身衬里。

8 外层荷叶边（略窄的布环）抽褶制作成和裙身外层下摆长度相等（参见第114页），与裙身外层正面相对，底边对齐，须确保褶皱分布均匀，疏缝固定后用缝纫机缝合。

9 内层荷叶边（略宽的布环）抽褶制作成和裙身衬里下摆长度相等（参见第114页），其正面与裙身衬里的反面相对，底边对齐缝合，同样要确保褶皱分布均匀，疏缝固定后用缝纫机缝合。

10 外裙和衬裙正面相对，布边对齐，用珠针固定好。沿后片围嘴部位、袖窿、领口及肩带部分全部缝合。仔细修剪掉多余的缝份、夹角，并在弧度处剪牙口。

11 衬里翻到内侧，掏出肩带整理熨烫。在熨烫好的上身边缘车一道明线。

12 在后片围嘴部位方角处、距离顶端1.5cm的位置制作扣眼，在肩带的合适位置缝上纽扣。

幼儿篇

准备材料：

衬衫

- 附页纸型 G——前片（G1），后片（G2），领子（G3），袖子（G4）
- 口袋模板 1，见第 125 页
- 贴布模板（字母、冲浪板），见第 122 页
- 112cm 幅宽印花布 48cm
- 112cm 幅宽素色布 25cm
- 撞色布 4 片，各 14cm×20cm，用于贴布
- 直径 1.2cm 纽扣 7 颗
- 1.2cm 宽彩色织带 4cm
- 奇异衬（MF 纸）
- 匹配的线

裤子

- 附页纸型 H——前片（H1），后片（H2）
- 口袋模板 2，见第 125 页
- 112cm 幅宽主布 70cm
- 112cm 幅宽撞色花布 15cm
- 1.2cm 宽棉织带 200cm
- 1.2cm 宽彩色织带 2 条，各 4cm，不同颜色
- 2cm 宽松紧带 48cm
- 匹配的线

尺码：1、2 岁
无特殊说明均留 1cm 缝份

热情夏威夷

　　这件花衬衫和配套裤子非常适合在有着白色沙滩的夏威夷海滨度假村穿着。它的色彩充满活力，是几种鲜明色彩的混合，热带印花、冲浪图案和典型的运动装细节——对于一个小男孩的夏威夷假期来说，还有什么比这更需要的呢？

衬衫

1 将附页纸型中 G1、G2、G3、G4 描摹在硫酸纸上并剪下。在印花布上裁剪两片前片（左、右各一）、一片后片、两片衣领、一片边长为 12cm 的正方形口袋用布、两片 6cm×12.5cm 的袖襻用布。在素色布上裁剪两片袖子。取掉纸型前，须将所有记号在布料上做好标记。

2 在领口布边 1cm 处锁边缝，防止裁片曲线处弹性延展（参见第 112 页）。

3 制作贴边，将两片前片反面朝上放置在工作台上。前片门襟中心线向布料反面折入 3cm，熨烫，再将其向布料正面折 3cm，用珠针固定好。取其中一片，从领口的记号点开始，向折叠布车 90 度直线，一直车到衬衫衣摆底边。仔细修剪掉多余的缝份、夹角。将该贴边翻到正面，熨烫平整。用同样的方法制作好另一前片的贴边。

4 在左贴边上制作5个扣眼，从领口到衣摆底边平均分布。将制作好的两片前片放在一边待用。

5 用边长为12cm的正方形口袋用布制作好口袋（参见第117页），固定缝合在左前襟，并于侧边插入用彩色织带折叠成的口袋侧标。

6 利用奇异衬做好背部的贴布图案（参见第118页）。冲浪板的外轮廓依次用锯齿形线迹（Z形线迹）拷边（参见第118页）。

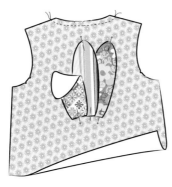

7 完成字母贴布的设计制作。

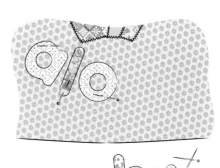

8 前片与后片正面相对，缝合两胁与肩线。缝份摊开并熨平。

9 制作并安装好衣领（参见第115页）。

10 制作袖襻，将6cm×12.5cm的袖襻用布横向对折。车缝一长边和一短边，修剪缝份，仅留下较窄的缝份。翻到正面，熨烫，在已缝合的短边处制作扣眼。

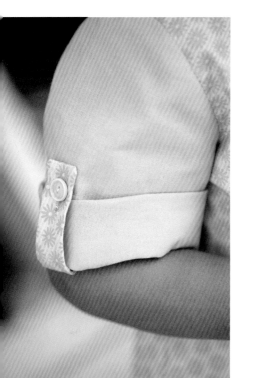

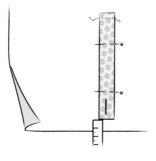

11 袖襻用珠针固定在一只袖子反面中心处，扣眼端距离袖子底边4cm。袖襻的另一端车缝固定在袖子上，确保其不错位。用同样的方法制作并固定好另一条袖襻。

12 用缝纫机上最长的针脚，在袖山1cm外侧缝份上，合印记号之间，车缝一条线，做好将宽松的袖子缝入袖窿的准备。

13 布料正面相对，袖子横向折叠，对齐布边，缝合腋下。摊开缝份，袖口依次向内折入0.5cm和1cm进行双层卷边缝（参见第113页）。安装好袖子（参见第114页）。

14 衬衫下摆依次向内折入0.5cm和1cm进行双层卷边缝（参见第113页）。

15 缝好衬衫上的纽扣，并在袖子上袖襻缝合线处也缝好纽扣。

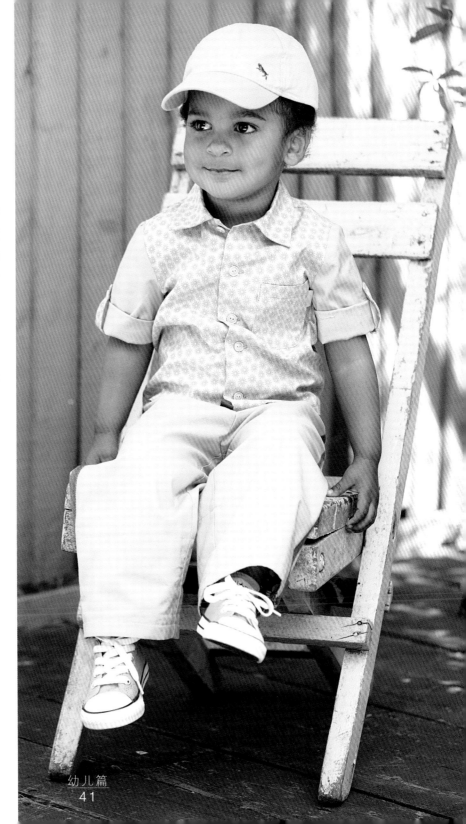

裤子

1 将附页纸型中H1和H2整体描摹在硫酸纸上并剪下，作为裤子前、后片的模板。再将H1下方部分描摹在硫酸纸上，自底边向上12cm处画一条横穿整块模板的水平线，沿此线剪下。这是制作卷边裤脚处、裤脚前片贴边的模板；用同样的方法，利用纸型H2制作好裤脚后片贴边模板备用。

2 利用步骤1做好的四片模板，在主布上裁剪两片前片、两片后片、两片边长15cm的正方形口袋用布；在撞色花布上裁剪两片裤脚前片贴边（左、右）、两片裤脚后片贴边（左、右）。取掉纸型前，须将所有记号在布料上做好标记。

3 每片口袋布的一条边向内折入2cm，熨烫。剪取15cm长的棉织带，分别将其两边车缝在折好的口袋边缘。制作好口袋（参见第117页）。

4 用珠针将口袋分别固定在两条裤腿的后片，固定右口袋时在侧边插入2个用彩色织带折叠制成的口袋侧标。沿底边和两侧边车一条明线，将口袋缝合在裤腿上。

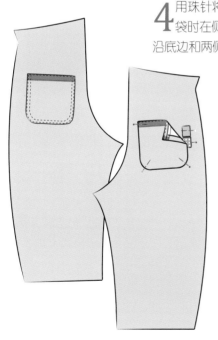

5 裤子前片放在后片上，正面相对，缝合侧边。缝份摊开并熨平。剪取55cm长的棉织带，用珠针固定在侧边并车缝。

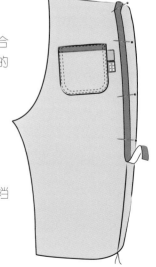

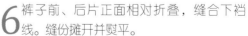

6 裤子前、后片正面相对折叠，缝合下裆线。缝份摊开并熨平。

7 把一条裤腿翻到正面，并套在另一条裤腿中，两条裤腿布料正面相对。对齐布边，用珠针别好，疏缝，沿着从前裆到后裆的整条弯曲的中心线将其缝合。修剪缝份并在弧度处剪牙口。

8 将一前一后裤脚贴边正面相对，短边缝合。缝份摊开并熨平。贴边的一侧布边向布料反面折入1cm熨烫。在裤腿与其中一块贴边套在一起，布料正面相对。下裆线与贴边接缝处对齐，前、后片相对应，用珠针别好，疏缝，将贴边与裤腿缝合，缝份留1.5cm。将缝好贴边的裤腿翻到正面，缝份摊开并熨平。

9 贴边向裤腿的反面折入，与接缝处对齐，熨烫好裤脚。确保几层布料都平展，在尽可能靠近贴边顶部、步骤8熨烫好的折缝边缘，将其与裤腿缝合固定。重复步骤8、9，制作好右裤腿。

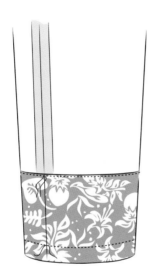

10 制作松紧腰（参见第116页）。穿入松紧带，调整到腰部舒适的程度，把松紧带两端接缝好，并缝合轨道的开口处。

11 剪取54cm长的棉织带，尾端折叠加固，制作成装饰带。在装饰带中点把装饰带缝在裤子前片腰部中心位置，再系成一个整齐的蝴蝶结。

准备材料:

- 附页纸型 F——前片（F1），后片（F2）
- 口袋模板 6，见第 125 页
- 贴布模板（船身、船舱、烟囱、彩旗），见第 120、121 页
- 112cm 幅宽浅蓝色布 43cm
- 112cm 幅宽深蓝色布 24cm
- 边长 14cm 水玉布 2 片，用于后身口袋
- 白色布 8cm×16cm，用于船身贴布
- 各色素色布和水玉布，用于船舱、烟囱、彩旗贴布
- 0.5cm 宽罗纹丝带 22cm，用于桅杆
- 0.5cm 宽有白色装饰线的罗纹丝带 35cm，用于绳索
- 2cm 宽水玉包边条 4 条，各 4cm，不同颜色
- 1.3cm 宽红色包边条 145cm
- "雏菊"花边 16cm
- 直径 2cm 纽扣 2 颗
- 直径 1.3cm 纽扣 5 颗
- 奇异衬（MF 纸）
- 带胶薄布衬
- 匹配的线

尺码：1、2 岁
无特殊说明均留 1cm 缝份

啊嘿！大船

　　这款讨人喜欢的 A 字裙将带着你的小家伙来一趟非常愉快的海边旅行。纯净的大片蓝色为神气活现的小轮船提供了最完美的背景。小轮船的风帆是一排排彩色的小旗，烟囱里喷射出"雏菊"烟缕，船身上的舷窗是一排小扣子。这条裙子领口和袖窿的连续包边虽然有些烦琐，却也是完美的点睛之笔。

1 将附页纸型中 F1、F2 描摹在硫酸纸上，F1 和 F2 分别自裙摆底边向上 17cm 画一条与之平齐的曲线，将模板一分为二。

2 重新描摹前片和后片的上半部分，并在底部曲线边缘增加 1cm 缝份。重新描绘前片和后片的下半部分，并在顶部曲线边缘增加 1cm 缝份。沿着重新绘制的曲线剪好模板。

3 利用茶杯的圆形轮廓将前、后片模板肩带的直角绘制成圆角并修剪。

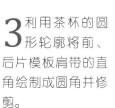

4 在浅蓝色布料上裁剪前、后片上半部分各一片，在深蓝色布料上裁剪前、后片下半部分各一片。

5 前片上半部分正面朝上放置，将22cm长的罗纹丝带自底边向上用珠针别在中心位置，尾端向内折入1cm，车缝固定，制作桅杆。

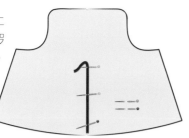

6 贴布用布的背面贴好奇异衬并剪好图案。先贴好烟囱，然后是船舱，最后是船身（参见第118页）。

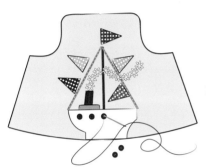

7 用35cm长、有白色装饰线的罗纹丝带制作绳索，从船头开始，船尾结束，两尾端折进固定缝好。添上小彩旗、"雏菊"花边制作的一缕烟、5颗小扣子制作的舷窗。

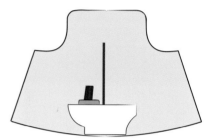

8 将边长14cm的水玉布制作成口袋（参见第117页）。口袋固定在后片下半部分，距离上边缘3cm处，两口袋间距10cm，缝合前在侧边插入用水玉包边条折叠制成的侧标，右口袋插两个，左口袋插一个。

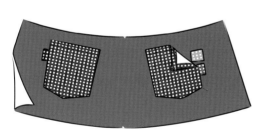

9 前片上、下两部分正面相对缝合。后片上、下两部分正面相对缝合。缝份摊开并熨平。

10 前、后片正面相对，车缝其中一条胁边，缝合前在该边"地平线"处插入用水玉包边条折叠制成的侧标。缝份摊开并熨平。

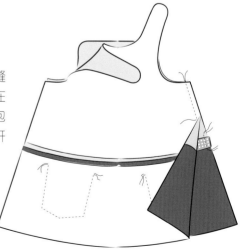

11 沿围嘴、袖窿、肩线边缘1cm处车一条缝份参考线，仔细沿参考线外侧修剪掉缝份。

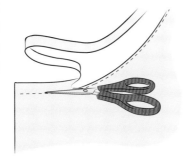

12 沿围嘴、袖窿、肩线用1.3cm宽的红色包边条连续包边（参见第118页），包边条两端均留出6cm不缝。

13 正面相对，缝合剩下的一条胁边。缝份摊开并熨平。包边条两端接合，袖窿未包边的部分插入其中，车缝完成包边。

14 将带胶薄布衬熨烫在肩带位置（参见第112页）。在每条肩带的顶端制作扣眼，并在围嘴的顶角处缝上纽扣。

15 裙摆边缘依次向内折入0.5cm和1cm进行双层卷边缝（参见第113页）。

准备材料：

吊带衫

- 附页纸型 F——后片（F2）
- 贴布模板（头、身体、翅膀、触角），见第 122 页
- 112cm 幅宽印花布 30cm
- 112cm 幅宽素色布 23cm
- 2cm 宽水玉包边条 80cm
- 红色和黑色碎布块，用于贴布
- 直径 1cm 纽扣 5 颗
- 奇异衬（MF 纸）
- 匹配的线
- 黑色绣线

裤子

- 附页纸型 I——裤腿前片（I1），育克前片（I2），裤腿后片（I3），育克后片（I4）
- 112cm 幅宽印花布 45cm
- 112cm 幅宽素色布 12cm
- 2cm 宽水玉包边条 68cm
- 0.5cm 宽松紧带 48cm
- 匹配的线

尺码：1、2 岁
无特殊说明均留 1cm 缝份

花瓢虫

　　即便可能被归为"爬行类"，可爱的、像宝石一般的小虫子却常常博得每一位小小昆虫学家的喜爱。这款套装的贴布图案模仿了印花布上穿梭于雏菊丛中的瓢虫，制作起来快速而简单，它装饰了吊带衫，十分醒目。套装的裤子便于穿脱，而上衣的水玉包边条也同时用于制作臀部育克考究的装饰线。轻松、明亮、活泼，这套无忧无虑的夏日着装真是太完美了！

吊带衫

1 将附页纸型中 F2 描摹在硫酸纸上，距离 F2 领口 3cm 处画领口平行线、距中心折双线 4cm 处画中心线的平行线。

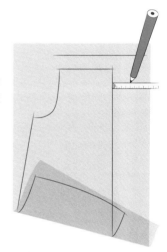

2 距 F2 底边 25cm 处画与底边平齐的曲线。沿重新画好的线剪下纸型。

3 利用步骤 2 完成的纸型，将素色布折叠，折叠线与纸型上折双线对齐，裁剪两片衣身。在印花布上裁剪两片 12.5cm × 90cm 的布料用于制作荷叶边、两片 4cm × 70cm 的布料用于制作肩带。

4 取出黑色和红色的碎布块，背面贴好奇异衬，并剪好贴布图案。

5 衣身前片布料正面朝上置于工作台上，如图所示，按照瓢虫头部、身体、翅膀的顺序熨烫固定贴布块。

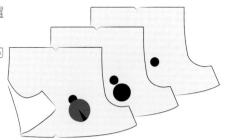

6 沿瓢虫图案边缘进行拷克（参见第118页），缝上黑色纽扣作为瓢虫身上的斑点，用黑色绣线绣好触角（参见第119页）。

7 两片衣身正面相对，缝合两肋，缝份摊开并熨平。沿袖窿边缘1cm处车一条缝份参考线，仔细修剪掉参考线外侧缝份。用80cm长的水玉包边条为袖窿包边（参见第118页）。

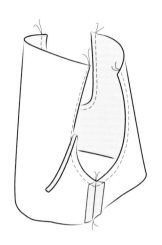

8 两片荷叶边布料正面相对，缝合短边形成环状。缝份摊开并熨平。底边依次向布料反面折入0.5cm和1cm进行双层卷边缝。

9 布环抽褶使其与衣身底边长度相等（参见第114页），荷叶边与衣身布料正面相对，底边对齐，须确保褶皱分布均匀，疏缝固定后用缝纫机缝合。

10 衣身前、后片领口都依次向内折入1cm和2cm。用珠针别好，靠近第一条折边车缝，形成抽绳轨道。

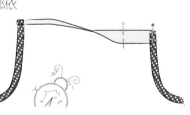

11 用4cm×70cm的布条制作两条肩带（参见第113页）。利用安全别针，将其分别穿入抽绳轨道后，系成整齐的蝴蝶结。

裤子

1 将附页纸型中I1、I2、I3、I4描摹在硫酸纸上并剪下。在印花布上裁剪裤腿前、后片各两片。在素色布上裁剪臀部育克前片两片（左和右）、臀部育克后片两片（左和右）。

2 制作臀部育克装饰线，将68cm长的水玉包边条打开，熨平折痕，再将其横向对折，布料反面相对，熨烫，平均裁剪成4份。布条毛边与裤腿前、后片上边缘对齐，用珠针别好，留0.5cm缝份车缝固定。

3 臀部育克前、后片分别与裤子前、后片正面相对，用珠针别好，疏缝后连接在一起。缝份倒向育克熨烫。沿水玉包边条装饰线边缘车明线固定。

4 裤子前片与后片正面相对，车缝裤腿外侧和内侧下裆线。缝份摊开并熨平。一条裤腿翻到正面，套在另一条裤腿中，两条裤腿布料正面相对。对齐布边，用珠针别好，疏缝，沿着从前裆到后裆的整条弯曲的中心线将其缝合。修剪缝份并在弧度处剪牙口。

5 制作松紧腰（参见第116页）。穿入松紧带，调整到腰部舒适的程度，把松紧带两端接缝好，并缝合轨道的开口处。

6 裤脚口依次向内折入0.5cm和1cm进行双层卷边缝（参见第113页）。

准备材料：

无袖衬衫

- 附页纸型 G——前片（G1），后片（G2），衣领（G3）
- 口袋模板 1，见第 125 页
- 口袋模板 6，见第 125 页
- 112cm 幅宽动物印花布 40cm
- 112cm 幅宽素色布 12.5cm
- 2.5cm 宽撞色包边条 80cm，用于衣摆包边和后领下方襻环
- 2.5cm 宽黑色包边条 60cm，用于袖窿包边
- 直径 1.2cm 纽扣 5 颗
- 带胶薄布衬
- 撞色线

短裤

- 附页纸型 H——前片（H1），后片（H2），贴式口袋（H3）
- 口袋模板 6，见第 125 页
- 112cm 幅宽浅蓝色布 40cm
- 112cm 幅宽深蓝色布 40cm
- 2.5cm 宽撞色包边条 30cm
- 2cm 宽包边条 4cm
- 直径 1.2cm 纽扣 2 颗
- 奇异衬（MF 纸）
- 2cm 宽松紧带 48cm
- 匹配的线

尺码：1、2 岁
无特殊说明均留1cm缝份

蓝色海湖

　　热带海滩集合体完全沉浸在清爽的深海蓝色和水生植物的绿色中。丛林里出没的动物群、大色块的泡泡，给这件传统的无袖衬衫增添了几分英雄色彩和活力。这个夏天，让我们踏浪去！

无袖衬衫

1 将附页纸型中G1、G2、G3描摹在硫酸纸上并剪下。在印花布上裁剪两片前片（左和右）、一片后片、一片边长14cm的正方形口袋用布。在素色布上裁剪两片衣领、一片边长12cm的正方形口袋用布。取掉纸型前，须将所有记号在布料上做好标记。

2 在领口布边1cm处锁边缝，防止裁片曲线处弹性延展（参见第112页）。

3 制作贴边，将两片前片反面朝上放置在工作台上。前片门襟中心线向布料反面折入3cm，熨烫，再将其向布料正面折3cm，用珠针固定好。取其中一片，从领口的记号点开始，向折叠布边车90度直线，一直车到衬衫衣摆底边。仔细修剪掉多余的缝份、夹角。将该贴边翻到正面，熨烫平整。用同样的方法制作好另一前片的贴边。

4 在左贴边上制作5个扣眼，从领口到衣摆底边平均分布。将制作好的两片前片放在一边待用。

5 用边长１２ｃm和14cm的正方形口袋用布制作好口袋（参见第117页），分别固定缝合在左、右前襟横向居中位置，口袋上边缘距离衣摆底边大约19cm。

6 前、后片正面相对，缝合两胁和肩线。缝份摊开并熨平。

7 制作并安装好衣领（参见第115页）。

8 用缝纫机上最长的针脚，在袖窿边缘1cm处车一条缝份参考线，仔细沿参考线外侧修剪掉缝份，并用60cm长的黑色包边条为袖窿包边（参见第118页）。

9 剪取72cm长的撞色包边条为衣摆底边包边（参见第118页）。

10 如图所示，利用剩下的8cm长的撞色包边条在衣服后领下方缝制一个襻环。最后给衣服缝好扣子。

短裤

1 将附页纸型中H1、H2描摹在硫酸纸上，在把纸型拓到布料上之前，沿图纸上"短裤沿此剪下"裁剪线剪好纸型。取掉纸型前，须将所有记号在布料上做好标记。

2 在浅蓝色布料上裁剪两片前片、四片贴式口袋用布、两片边长14cm的正方形后口袋用布。在深蓝色布料上裁剪两片后片。

3 把两片边长14cm的正方形口袋用布其中一边向内折入2cm，并用2.5cm宽撞色包边条为此边包边（参见第118页）。制作好后口袋（参见第117页）。

4 将后口袋固定缝合在裤腿后片距离上边缘10cm的位置。其中一只口袋侧边插入用2cm宽的包边条折叠制成的侧标。

5 在印花布上选择一只合适的动物图案，背面贴好奇异衬。仔细剪下图案，右裤腿后片正面朝上放置在工作台上，撕去贴布图案的背纸，将其熨烫固定好，并拷克（参见第118页）。

6 用四片贴式口袋用布制作两个双层贴式口袋（参见第117页）。沿口袋开口处斜边车明线，并沿距"襟翼"尖角6.5cm处的平行横线车明线。自平行横线起沿口袋"襟翼"车明线，至平行横线另一端结束。在"襟翼"尖角部位制作扣眼。

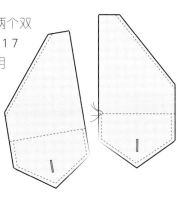

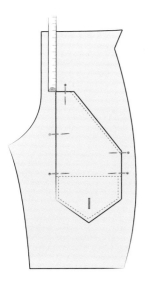

7 每个双层贴式口袋用珠针别在裤腿前片，距离顶部边缘9cm、前中心线4cm处，将其固定缝合在裤腿上。

8 在裤腿前片合适位置（当三角形的口袋"襟翼"放平时可以将扣子扣在扣眼中）缝上纽扣。

9 裤腿前片和后片正面相对，缝合侧边。缝份倒向后片并熨烫。将其正面向上放置于工作台上，连同缝份一起在侧边接缝处车明线。

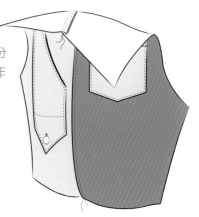

10 裤腿前、后片折叠，正面相对，缝合裤腿内侧下裆线。缝份摊开并熨平。

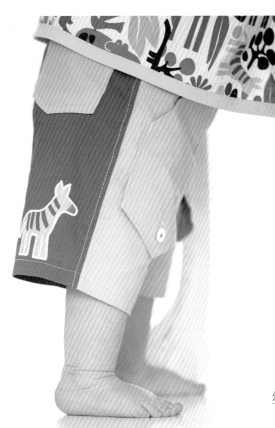

11 一条裤腿翻到正面，套在另一条裤腿中，两条裤腿布料正面相对。对齐布边，用珠针别好，疏缝，沿着从前裆到后裆的整条弯曲的中心线将其缝合。修剪缝份并在弧度处剪牙口。

12 制作松紧腰（参见第116页）。穿入松紧带，调整到腰部舒适的程度，把松紧带两端接缝好，并缝合轨道的开口处。

13 裤脚口依次向内折入0.5cm和1cm进行双层卷边缝（参见第113页）。

准备材料：

帽衫

- 附页纸型 J——前片（J1），后片（J2），风帽（J4）
- 口袋模板 7，见第 125 页
- 牛仔布 50cm × 136cm
- 撞色素色布 25cm × 38cm
- 2.5cm 宽红色包边条 200cm
- 2.5cm 宽黄色包边条 180cm
- 1.5cm 宽装饰带 10cm
- 直径 2cm 纽扣 2 颗
- 拉链 30cm
- 匹配的线

短裤

- 附页纸型 H——前片（H1），后片（H2），侧扣襻（H4），袋盖（H5）
- 口袋模板 6，见第 125 页
- 112cm 幅宽印花布 50cm
- 2.5cm 宽红色包边条 60cm
- 2.5cm 宽包边条 4cm
- 直径 1.8cm 纽扣 3 颗
- 2cm 宽松紧带 48cm
- 匹配的线

尺码：1、2 岁
无特殊说明均留 1cm 缝份

南部牛仔

　　这款两件套的设计灵感来源于美国户外——西部牛仔的牛仔裤和仙人掌。结果却有些古怪，是明显的城市风格。牛仔布制成的街头风连帽衫，有着受便装启发而来的镶边；复古的仙人掌盆景印花布，造就了时髦独特的城市之夏短裤。

帽衫

1 将附页纸型中 J1、J2、J4 描摹在硫酸纸上并剪下。在牛仔布上裁剪两片前片、一片后片、两片风帽用布、一片边长 12cm 的正方形胸前口袋用布、两片 19cm × 25cm 的长方形贴式口袋用布。撞色素色布对半裁开用于制作两个长方形贴式口袋的袋口贴边。取掉纸型前，须将所有记号在布料上做好标记。

2 制作好两个双层贴式口袋，每个口袋由一片牛仔布和一片撞色素色布制成（参见第 117 页）。

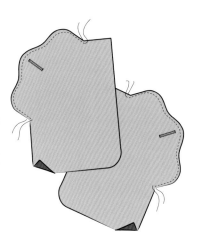

3 袋盖边缘车明线，并制作好扣眼。

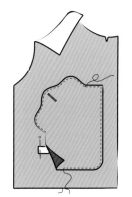

4 将一个口袋用珠针别在前片，距前片中线 4cm、底边 5cm 处，在侧边插入用 5cm 长的装饰带折成的侧标。沿口袋两侧边和底边车缝将其固定好。用同样的方法处理另一个口袋，省略侧标。

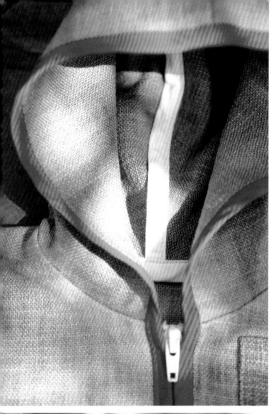

5 制作胸前口袋（参见第117页）。用珠针别在前片，距离前中心线5cm、贴式大口袋上方1.5cm处，固定缝合前，侧边插入用5cm长的装饰带折成的侧标。

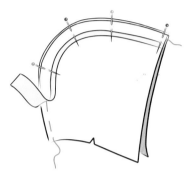

6 两片风帽用布正面相对，疏缝。把黄色包边条展开用珠针别好，将这几层同时缝合，修剪风帽的缝份，包边条卷起裹住缝份，车缝。

7 前片和后片正面相对，肩线处缝合。

8 风帽与领口正面相对，合印记号点、风帽中心线分别与肩线、上衣后片中心线对齐缝合。修剪曲线缝份，用黄色包边条包边（参见第118页）。

9 上衣前片与后片正面相对，布边对齐，缝合两胁，缝份摊开并熨平。

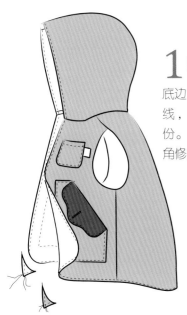

10 将上衣翻到正面，沿风帽边缘、前中线、衣摆底边1.5cm处车缝一条缝份参考线，沿参考线外侧修剪掉缝份。利用茶杯的圆形轮廓将直角修剪成圆角。

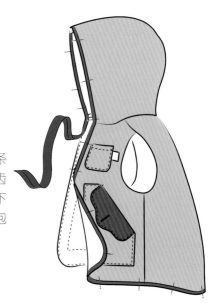

11 用红色包边条以细密的锯齿形线迹（Z形线迹）为下摆、衣襟和风帽连续包边（参见第118页）。

12 沿袖窿边缘1cm车出一条缝份参考线，沿参考线外侧修剪掉缝份，用黄色包边条以细密的锯齿形线迹（Z形线迹）为袖窿包边。

13 用珠针将拉链固定在上衣前片下层，疏缝后车缝在合适的位置。

14 在两个贴式大口袋上分别缝好扣子，与袋盖的扣眼相对。制作后领下方的襻环，将剩余的黄色包边条两侧边横向向中心线对折，熨烫，沿两侧边分别车明线。尾端向内折入，车缝在后领下方。

短裤

1 将附页纸型中H1、H2、H4、H5描摹在硫酸纸上，其中H1和H2在拓到布料上之前，沿图纸上"短裤沿此剪下"裁剪线剪好。取掉纸型前，须将所有记号在布料上做好标记。

2 裁剪两片前片、两片后片、四片袋盖用布、两片侧扣襻用布、两片边长14cm的正方形后口袋用布。

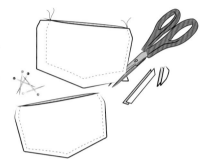

3 制作两个后口袋（参见第117页）。将其固定在距裤腿后片上边缘10cm处。其中一个口袋侧边插入用4cm长的包边条折好的侧标。

4 制作袋盖，两片袋盖用布正面相对，仔细缝合，保留顶部直线不缝作为返口。取掉珠针，仔细修剪布边，仅留下较窄的缝份。

5 袋盖翻到正面并熨烫。沿边缘和顶部1cm处车明线，多层一起缝合。当袋盖固定于裤腿上时，这条线将作为参考线。线尾打结缠绕系好。尖角处制作好扣眼。

6 袋盖倾斜别在裤腿前片上部，正面相对，如图所示。参考线尾端与裤腿上的记号点对齐，在参考线上重复车线，多层一起缝合将袋盖固定在裤腿上。开始和结尾处回针加固。取掉珠针，修剪缝份至0.3cm。

7 袋盖向下折并熨烫。沿袋盖上边缘车线，连同下层布料同时缝合。在合适的位置缝上纽扣，袋盖放平时可以将其扣入扣眼中。重复步骤4~7缝制另一片袋盖。

8 两片侧扣襻用布正面相对，边缘缝合，留平直的窄边不缝作为返口。取掉珠针，仔细修剪布边仅留下较窄的缝份，翻到正面。沿边缘车明线，并在尖角处制作扣眼。侧扣襻置于裤腿外侧线，距裤脚底边约14cm处，布边对齐，车缝几针固定。

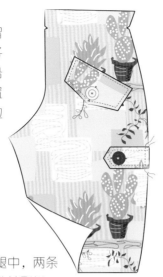

9 裤子前片和后片正面相对，缝合侧边，缝份摊开并熨平。

10 裤子前、后片正面相对折叠，缝合内侧下裆线，缝份摊开并熨平。

11 一条裤腿翻到正面，套在另一条裤腿中，两条裤腿布料正面相对。对齐布边，用珠针别好，疏缝，沿着从前裆到后裆的整条弯曲的中心线将其缝合。修剪缝份并在弧度处剪牙口。

12 制作松紧腰（参见第116页），裤腰处依次向内折入1cm和2.5cm，熨烫。穿入松紧带，调整到腰部舒适的程度，把松紧带两端接缝好，并缝合轨道的开口处。

13 制作一条装饰带，将60cm长的红色包边条横向对折，熨烫，尽量在靠近边缘的地方车明线。装饰带尾端折叠车缝好。在装饰带中点把装饰带缝在裤子前片腰部中心位置，再系成一个整齐的蝴蝶结。

14 裤脚口依次向内折入0.5cm和1cm进行双层卷边缝（参见第113页）。

小姑娘与蝴蝶结

这款时髦的女式衬衫腰部有一个引人注目的大蝴蝶结，它可以系在前面，也可以系在腰后——如果这还不能制造出足够的温柔气质，它还有优美的泡泡袖。简洁的 A 字裙，最突出的特色是模仿上衣烟花图案制作的一组花朵贴布。花瓣用紧致的机织棉府绸制成，可以最大限度地降低洗涤和穿着时造成的磨损。

准备材料：

衬衣

- 纸型 G——前片（G1），后片（G2），领子（G3），袖子（G5）
- 112cm 幅宽印花布 90cm
- 0.5cm 宽松紧带 36cm
- 直径 1.5cm 纽扣 6 颗
- 带胶薄布衬
- 匹配的线

裙子

- 纸型 K——前片（K1），后片（K1）
- 112cm 幅宽素色布 34cm
- 各色棉府绸碎布片，用于贴布
- 1.3cm 宽松紧带 48cm
- 匹配的线

尺码：1、2岁
无特殊说明均留1cm缝份

衬衣

1 将附页纸型中G1、G2、G3、G5描摹在硫酸纸上并剪下。在印花布上裁剪两片前片（左和右）、一片后片、两片衣领、两片袖子、两片10cm×100cm的布料。利用茶杯的圆形轮廓将衣领尖角修剪成圆角。取掉纸型前，须将所有记号在布料上做好标记。

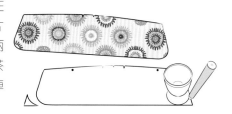

2 在领口布边1cm处锁边缝，防止裁片曲线处弹性延伸（参见第112页）。

3 制作贴边，将两片前片反面朝上放置在工作台上。前片门襟中心线向布料反面折入3cm，熨烫，再将其向布料正面折入3cm，用珠针固定好。取其中一片，从领口的记号点开始，向折叠布边车90度直线，一直车到衬衫衣摆底边。仔细修剪掉多余的缝份、夹角。将该贴边翻到正面，熨烫平整。用同样的方法制作好另一前片的贴边。

4 在右贴边上制作六个扣眼，从领口到衣摆底边平均分布。

5 前片和后片正面相对，缝合肩线。缝份摊开并熨平。

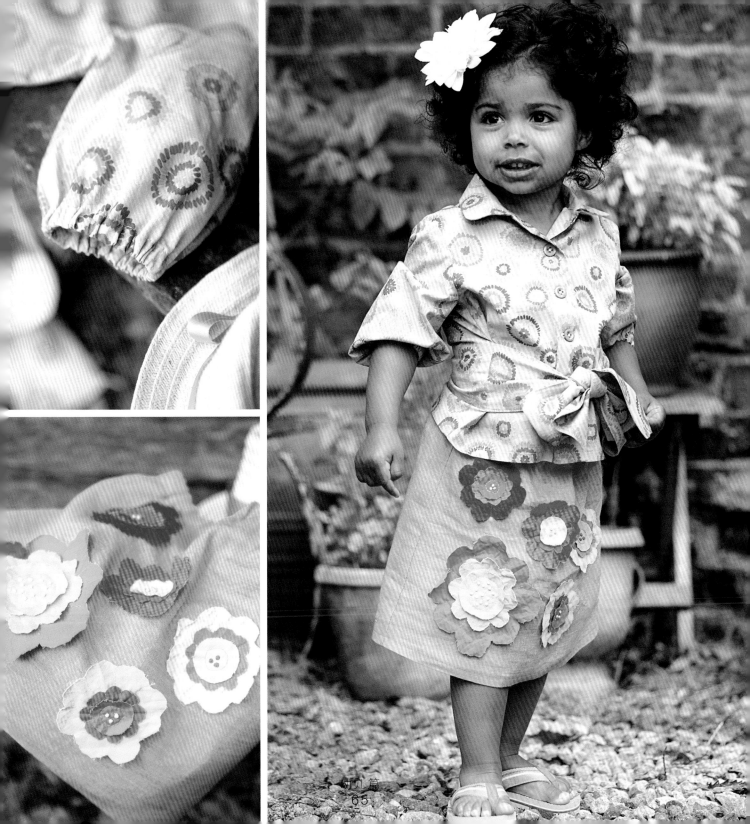

6 制作并安装好衣领（参见第115页）。

7 制作腰带，将10cm×100cm的布料横向对折，正面相对，车缝两长边。

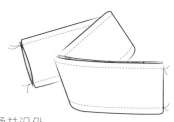

8 修剪缝份和夹角，将腰带翻到正面。熨烫并沿外缘车明线。用同样的方法制作另一条腰带。腰带分别放在前片左、右两侧腰线记号处，车缝固定。

9 前片与后片正面相对，缝合两胁。缝份摊开并熨平。

10 用缝纫机上最长的针脚，在袖山1cm外侧缝份上、合印记号之间，车缝一条线，做好将宽松的袖子缝入袖窿的准备。

11 袖子正面相对，缝合袖下胁线，缝份摊开并熨平。袖口进行双层卷边缝（参见第113页），留一小段缺口，用安全别针将18cm长的松紧带穿入。松紧带两端接缝好全部拉进轨道，车缝轨道开口处。用同样的方法制作好另一只袖子。

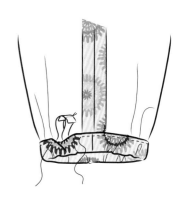

12 安装好袖子（参见第114页）。

13 衣摆底边依次向内折入0.5cm和1cm进行双层卷边缝（参见第113页），尽量靠近边缘车缝。最后缝好衬衣纽扣。

裙子

1 将附页纸型中K1描摹在硫酸纸上并剪下。在素色布上裁剪两片前片、两片后片。

2 制作大花朵贴布，利用碎布块裁剪一片边长12cm的正方形、一片边长8cm的正方形、一片直径5.5cm的圆形。

3 将最大片的正方形对折并熨烫，再次对折并熨烫，对角线折叠形成一个三角形，熨烫。

4 剪去最长的对角线的一个转角，形成风筝形状。将角大概修剪成两个半花瓣形。打开花朵，使劲地揉成一个球，使它看起来皱巴巴的好像破碎一般。再次打开放在一边。重复步骤3、4，将另一片略小的正方形做成里层的花瓣，也揉成皱巴巴的样子。

5 一步步将花朵车缝在裙子上。首先是大片的外层花瓣，接着是里层花瓣，最后是圆形的花芯。用法国结粒绣绣出花蕊（参见第119页）。

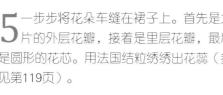

6 制作四个小花朵贴布，每一朵花在碎布块上裁剪一片边长8cm的正方形、一片4.5cm的正方形、一片直径3cm的圆形，重复步骤3~5。

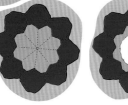

7 裙子前片和后片正面相对，布边对齐，用珠针别好，疏缝，车缝两侧边。缝份摊开并熨平。

8 制作松紧腰（参见第116页），穿入松紧带，调整到腰部舒适的程度，把松紧带两端接缝好，并缝合轨道的开口处。

9 裙摆底边依次向内折入0.5cm和1cm进行双层卷边缝（参见第113页）。

准备材料：

夹克衫
- 附页纸型 J——前片（J1），后片（J2），袖子（J3），风帽（J4）
- 口袋模板 2，见第 125 页
- 贴布模板（肘部、面具、字母），第 123 页
- 112cm 幅宽灯芯绒布 82cm
- 112cm 幅宽格子棉布 82cm，作为衬里
- 各色素色棉布，用于贴布
- 奇异衬（MF 纸）
- 拉链 30cm
- 匹配的线和撞色线

短裤
- 附页纸型 I——裤腿前片（I1），育克前片（I2），裤腿后片（I3），育克后片（I4）
- 口袋模板 2，见第 125 页
- 112cm 幅宽素色布 60cm
- 格子棉布碎布，用于腰部装饰带和育克装饰线
- 2cm 宽松紧带 48cm
- 匹配的线和撞色线

尺码：1、2 岁
无特殊说明均留 1cm 缝份

摔跤小勇士

这件街头夹克衫有令人愉快的花格子衬里，并且还有引人瞩目的贴布图案，它的灵感来自于墨西哥摔跤手——一个面具图案，就像是那些超凡的运动员、具有传奇色彩的超级英雄所戴的面具一般。

夹克衫

1 将附页纸型中 J1、J2、J3、J4 描摹在硫酸纸上并剪下。在灯芯绒布料上裁剪两片前片（裁剪时布料须折叠）、一片后片、两片袖子、两片风帽用布、两片边长 18cm 的正方形口袋用布。夹克衫衬里请使用同样的纸型，在格子棉布上裁剪两片前片、一片后片（裁剪时布料须折叠）、两片袖子、两片风帽用布。取掉纸型前，须将所有记号在布料上做好标记。

2 制作肘部、面具、字母贴布，在素色碎布块的背面熨烫好奇异衬并剪下图案（参见第 118 页）。

3 肘部贴布的背面与一条袖子的正面相对，放置于距离袖口布边 9cm、袖下缝 5cm 处，熨烫粘贴并拷克（参见第 118 页）。

4 用同样的方法将字母贴布制作好。

5 制作面具贴布，首先以绿色椭圆形做底，粘贴在夹克衫后片中心位置、距离下摆底边 13cm 处。接下来是黄色的角、红色的面部标记、红色的头盖骨、蓝色眼睛、绿色鼻子、黄色嘴巴。

6 在剩余的格子棉布上裁剪4cm×9cm的布条制作后领下方的襻环。布条反面相对，横向对折，熨烫。打开，两边折向中心线，尽可能靠近两侧边缘车明线。尾端向内折入，车缝在后领下方。

7 制作两个口袋（参见第117页）。将其置于夹克衫前片距离下摆底边5cm处，用珠针别好，疏缝固定，缝合口袋两侧及底边。

8 风帽两片正面相对缝合，曲线处修剪好牙口，缝份摊开并熨平。

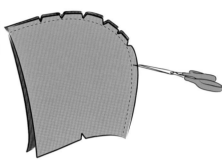

9 夹克衫前、后片正面相对，肩线缝合。

10 风帽与领口正面相对，合印记号点、风帽中心线分别与肩线、夹克衫后片中心线对齐缝合。沿曲线缝份修剪牙口，缝份摊开并熨平。

11 安装好袖子（参见第114页），沿曲线缝份修剪牙口，缝份摊开并熨平。

12 夹克衫前片和后片正面相对，布边对齐，袖子横向对折。车缝袖下线及两胁，缝份摊开并熨平。

13 重复步骤8~12制作好夹克衫衬里。

14 夹克衫外层与衬里正面相对，布边对齐，用珠针别好，车缝风帽边缘及夹克衫下摆边缘。

15 夹克衫翻到正面，外层和衬里的前襟中心线各自反折1.5cm，仔细熨烫。

16 将拉链夹入外层和衬里中，拉链齿须被盖住，用珠针仔细别好并疏缝固定，将拉链车缝在合适的位置上。

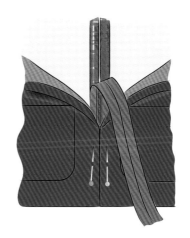

17 夹克衫外层和衬里的袖口布边各自反折，沿折边将两层车缝在一起。

短裤

1 将附页纸型中I1、I2、I3、I4描摹在硫酸纸上，在把I1、I3纸型拓到布料上之前，沿图纸上"短裤沿此剪下"裁剪线剪好纸型。

2 纸型用珠针别在布料上。在素色布上裁剪两片裤腿前片、两片裤腿后片、两片育克前片（左和右）、两片育克后片（左和右），并裁剪两片边长18cm的正方形口袋用布。取掉纸型前，须将所有记号在布料上做好标记。

3 在格子棉布上裁剪四根3cm×18cm的布条，用于制作育克装饰线。每根布条反面相对，横向对折并熨烫。布条毛边与裤腿前、后片上边缘对齐，用珠针别好，留0.5cm缝份车缝固定。

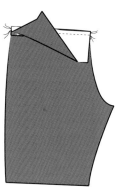

4 育克前、后片分别与裤腿前、后片正面相对，用珠针别好，疏缝后连接在一起。缝份倒向育克熨烫。用撞色线沿缝合线车明线。

5 短裤前片与后片正面相对，车缝侧边。缝份倒向短裤后片熨烫。用撞色线沿缝合线车明线。

6 制作好口袋（参见第117页），将其固定在侧线上、距裤脚口12cm处。使用撞色线车边缘明线。

7 短裤前、后片折叠，车缝裤腿内侧下裆线。缝份摊开并熨平。一条裤腿翻到正面，套在另一条裤腿中，两条裤腿布料正面相对。对齐布边，用珠针别好，疏缝，沿着从前裆到后裆的整条弯曲的中心线将其缝合。修剪缝份并在弧度处剪牙口。

8 制作松紧腰（参见第116页）。穿入松紧带，调整到腰部舒适的程度，把松紧带两端接缝好，并缝合轨道的开口处。

9 在格子棉布碎布上裁剪一片4cm×56cm的布条，制作腰部装饰带（参见第113页）。在装饰带中点把装饰带缝在裤子前片腰部中心位置，再系成一个整齐的蝴蝶结。

10 裤脚口依次向内折入0.5cm和1cm进行双层卷边缝（参见第113页）。

儿童篇

艺术创想

移动的欧普艺术！这款时髦别致的波蕾若外套和讨喜的少女裙，有着大胆的、活跃的、像泼洒着颜料一般的印花，并能塑造出迷人的体形轮廓。箱褶裙摆虽然有些难做，但它绝对值得你努力。如果你时间仓促，也可以将箱褶简化为抽褶。

波蕾若外套

1 将附页纸型中O1、O2、O3描摹在硫酸纸上并剪下。在印花布上裁剪两片前片、一片后片（裁剪时布料须折叠）、两片袖子。仍利用该纸型，在衬里布上裁剪两片前片、一片后片（裁剪时布料须折叠）。取掉纸型前，须将所有记号在布料上做好标记。

2 印花布前片和后片正面相对，缝合肩线，作为外层。

3 用珠针将袖片别在外层袖窿上，正面相对，袖山中点与肩线对齐，前、后片腋下两端点与前、后片袖下线两端点对齐，车缝缝合。沿曲线缝份修剪牙口，缝份倒向衣身熨烫。

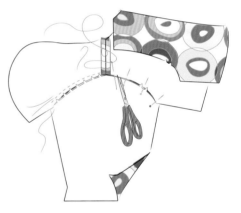

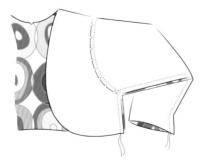

4 外层前片和后片正面相对，袖片对折。车缝袖子和胁边，缝份倒向后片熨烫。

准备材料：

波蕾若外套
- 纸型O——前片（O1），后片（O2），袖子（O3）
- 112cm 幅宽印花布 53cm
- 112cm 幅宽衬里布 30cm
- 5cm 宽孔眼花边（英格兰刺绣）212cm
- 匹配的线

裙子
- 纸型P——前片（P1），后片（P2），腰带（P3）
- 112cm 幅宽印花布 95cm
- 直径 1.8cm 纽扣 1 颗
- 匹配的线

尺码：3、4、5岁
无特殊说明均留1cm缝份

儿童篇
74

5 袖口依次向内折入0.5cm和1cm进行
双层卷边缝（参见第113页）。

6 孔眼花边正面相对，短边缝合，形成
环状，缝份摊开并熨平。

7 花边环抽褶，使其
与波蕾若外套
外圈边缘长度一
致（参见第114
页）。将其与
外套边缘正面相
对，用珠针别
好，须确保褶皱
平均分布。疏缝
后车缝固定。尽可能将褶皱的花边熨平。

8 衬里的前片和后片正面相对，肩线缝
合。缝份摊开并熨平。

9 沿衬里袖窿边缘1cm处车一条缝份参考线，仔细修剪好缝份牙口，并参照此线折叠缝份、熨烫。

10 衬里前、后片正面相对，缝合肋边，缝份摊开并熨平。

11 衬里与外层正面相对，肩线与肋边对齐，将衬里用珠针别在外层上，沿整个外圈缝合。仔细修剪好缝份并修剪牙口。

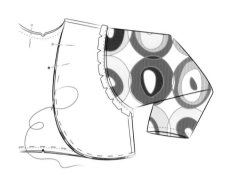

12 小心地从其中一个袖窿将外套翻到正面。

13 将衬里袖窿熨烫好的缝份折好，与外层袖窿、肋线对齐。用珠针固定后缲缝。缲缝时，让手缝针穿过车缝线针脚，这样看起来边缘衔接更平整。

14 仔细修剪好外层和衬里缝合处的缝份，使边缘更利落。

裙子

1 将附页纸型中P1、P2、P3描摹在硫酸纸上并剪下。将P1、P2纸型的折双线（后中心线/前中心线）与布料的折叠边对齐，裁剪一片前片、一片后片。裁剪一片腰带。取掉纸型前，须将所有记号在布料上做好标记。

2 将裙片正面向上放置于工作台上，将前片左手边和后片右手边延伸出来的边修剪掉2cm，这样"新"的布边就完全笔直了。

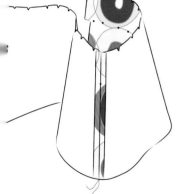

3 前片和后片正面相对，缝合右手边的侧边，缝份摊开并熨平。

4 制作前、后片的箱褶，腰线上的标记用裁缝专用大头钉或画粉做好记号，将箱褶止点处的布料折叠。

5 两止点折起的布料分别向中点靠拢，聚合于中点，用珠针固定好后在裙腰顶边将褶皱多层车缝加固。

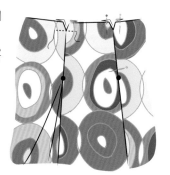

6 自裙腰顶边至止点，沿箱褶聚合线两侧车明线并熨烫。

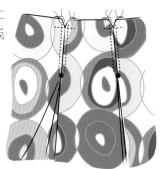

7 处理右手边缝份两侧的箱褶线，将折起的布边向缝份靠拢聚合。用珠针别好箱褶，在裙腰顶边多层车缝加固。

8 处理裙子左手边开口，将裙片正面相对，侧边及延伸出来的部分对齐，从裙摆底边至A点，再从A点至延伸部分布边车缝缝合。

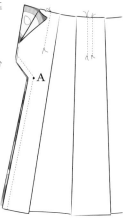

9 前片延伸部分向下折，使它直接贴伏在箱褶下方。熨烫并在裙腰顶边处车缝加固。

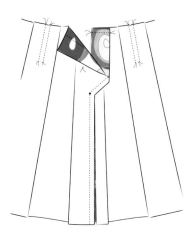

10 腰带横向对折，反面相对，轻轻地熨烫出一条折痕，作为裙腰顶部的标志线。打开腰带，沿其中一条长边，距布边1cm处车线，当你为腰带制作收尾时，这将作为折叠缝份的参考线。

11 布边对齐并确保前片与后片的
中心记号点（包括裙子和腰
带）对齐，布料正面相对，用珠针将未
车线的腰带长边与裙腰别好。还要确保
腰带比左手裙子后片延伸部分开口处的
布边要长出1cm。机缝缝合。

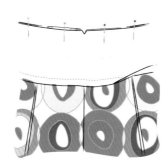

12 打开折叠的腰带，将其向
自身相反方向折叠，使其
正面相对。腰带布边对齐，用珠
针别好并车缝缝合腰带两端。修
剪掉缝份的尖角。

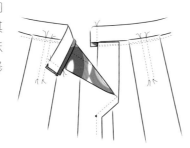

13 腰带翻到正面，内里腰带
的缝份沿之前车缝好的参
考线向内折入。用珠针别好并将开
口缲缝闭合。

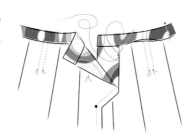

14 在腰带的一端制作1cm长的扣眼，另一端缝上纽扣。

15 裙摆底边依次向内折入0.5cm和2cm进行双层卷边缝
（参见第113页）。

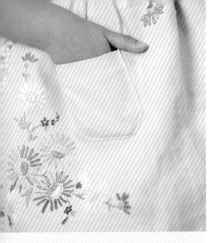

享受下午茶

即便在当下这个高速运转的世界里，仍然为非常传统的"小女孩"裙子留存有空间。简单的厨房围裙——曾经也是过去那个年代里的经典——如今被提高到"高级童装定制"的地位，像是飘浮在腰部的一块花儿饰片。它用复古的桌布制成（比你自己刺绣图案可简单多啦！），搭配着精致的绣花和孔眼花边。

准备材料：

- 纸型Q——衣身前片（Q1），裙身前片（Q2），衣身后片（Q3），裙身后片（Q4），前腰带（Q5），后腰带（Q6）
- 口袋模板1，见第125页
- 112cm幅宽印花布95cm
- 112cm幅宽衬里布28cm
- 绣花桌布（或素色布60cm×90cm），用于围裙
- 4cm宽孔眼花边（英格兰刺绣）175cm，用于裙子
- 6cm宽孔眼花边（英格兰刺绣）47cm，用于围裙
- 拉链28cm
- 匹配的线

尺码：3、4、5岁
无特殊说明均留1cm缝份

1 将附页纸型中Q1、Q2、Q3、Q4、Q5、Q6描摹在硫酸纸上并剪下。在印花布上裁剪衣身前片一片、裙身前片一片，纸型上的折双线（前中心线）须与布料的折叠边对齐，再裁剪裙身后片两片，衣身后片左、右各一片。在衬里布上裁剪衣身前片一片，纸型上的折双线（前中心线）须与布料的折叠边对齐，再裁剪衣身后片左右各一片。取掉纸型前，须将所有记号在布料上做好标记。

2 制作装饰围裙，在绣花桌布上裁剪30.5cm×47cm的长方形布片，确保每个刺绣图案都在中心位置。在剩下的围裙布料横纹方向裁剪（布料的直纹方向）两片后腰带、一片前腰带、一片边长14cm的正方形围裙口袋用布。

3 在衣身前、后片的领口布边0.5cm处锁边缝，防止裁片曲线处弹性延展（参见第112页）。用同样的方法处理衬里领口。

4 后腰带横向对折，布料正面相对，将其长边和斜角边车缝，留短边作为开口。修剪夹角，翻到正面，熨烫。用同样的方法制作好另一条后腰带。

5 后腰带的短边与衣身后片正面相对，距离腰线底边1cm处缝合在衣身上。

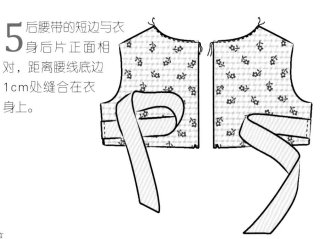

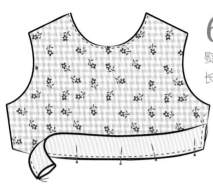

6 前腰带反面相对，横向对折，距离布边0.5cm处拷克锁边。不要熨烫折痕。用珠针将前腰带拷克过的长边与衣身前片底边固定好并缝合。

7 衣身前片和后片正面相对，肩线缝合，缝份摊开并熨平，放在一边备用。

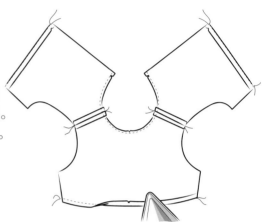

8 衬里衣身前片和后片正面相对，肩线缝合，缝份摊开并熨平。距衬里每一片的底边1cm位置车参考线。沿此线仔细向布料反面折入，并熨烫。

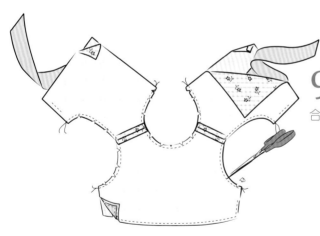

9 衬里与外层正面相对，前、后片中心线和肩线分别对齐，用珠针别好，沿袖窿、领口车缝缝合。在所有曲线部位剪好牙口。

10 分别通过肩部将衣身后片翻出，衬里翻到内侧。仔细熨烫缝份，使边缘看起来更利落。

11 打开左侧的外层、衬里前片与外层、衬里后片，使外层前、后片正面相对，衬里前、后片正面相对，形成一条直线，连续车缝该直线。用同样的方法缝合右侧肋线。将衬里翻好，熨烫，放在一边备用。

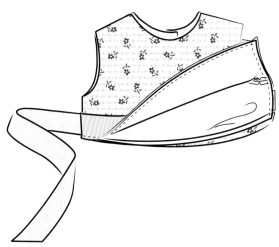

12 围裙底边依次向内折入0.5cm和1cm进行双层卷边缝。将宽度为6cm的孔眼花边用珠针固定在围裙底边上缘并车缝。围裙侧边依次向内折入0.5cm和1cm进行双层卷边缝。熨烫，放在一边备用。

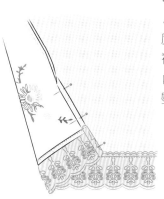

13 制作围裙口袋（参见第117页）。将口袋固定车缝在距离围裙上边缘9cm处；如果有必要可调整口袋位置，具体的位置取决于绣花图案的位置。

14 在围裙中心位置的缝份上剪一个小口作为标记。将围裙上边缘抽褶使其宽度变为24cm（参见第114页）。加固抽褶线，熨烫抽褶缝份，围裙放在一边备用。

15 两裙身后片正面相对，以1.5cm为缝份车缝缝合后片中心线，从裙摆底边车至合印记号点停止。缝份摊开并熨平，未缝合部位也分别向下折1.5cm熨平，该处是为拉链预留的。

16 裙身前、后片正面相对，缝合两侧边。缝份摊开并熨平。

17 用缝纫机上最长的针脚，在裙摆底边1.5cm处车参考线，沿此线向布料反面折入，疏缝并熨烫。在折起布边的1cm处将几层布料同时车缝缝合。拆除疏缝线和参考线。处理好裙摆底边。

18 将宽度为4cm的孔眼花边用珠针固定在裙摆底边的反面，使其悬挂在裙摆下，车缝。

19 打开上衣衬里，围裙抽褶边与上衣衬里前片的底边正面相对，中心对齐。疏缝后将二者车缝固定，需保持褶皱平均分布。

20 裙腰处抽褶使其与衣身底边等长（参见第114页）。裙子与裙身外层正面相对，中心线对齐，围裙夹在两层中间，用珠针固定好，确保褶皱平均分布。疏缝后，将裙子与外层车缝在一起。腰线缝份倒向上衣熨烫。

21 将熨烫好并车有参照线的裙身衬里缝份与外层和裙子的接合缝份对齐，用珠针固定后缲缝。缲缝时，让手缝针穿过车缝线针脚，这样看起来边缘衔接更平整。

22 后中心线分别折烫1.5cm。使熨烫好的中心线边缘靠拢，将拉链置于裙身和裙子下方，仔细疏缝在合适的位置。沿着疏缝线，将拉链与几层布料同时车缝固定。拉链顶端向内折入。

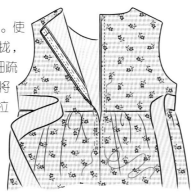

粉红宝贝

这件轻便的夏日风衣无疑是衣柜里最理想的基本款，无论是用素色布还是印花布来做，效果都非常好。如果用防水面料制作，还可以让你的宝贝儿在下雨天也高兴起来。想要增加新颖性和色彩趣味，你还可以制作撞色的口袋、衣领和其他装饰物。为了柔化经典、剪裁考究的外观，这款风衣选择了奇异的花朵印花布来制作。

准备材料：

- 纸型 L——前片（L1），后片（L2），袖子（L3），衣领（L4）
- 口袋模板 4，见第 125 页
- 口袋模板 5（长方形袋盖），见第 125 页
- 112cm 幅宽印花布 125cm
- 2.5cm 宽包边条 164cm
- 带胶中厚布衬
- 直径 2cm 纽扣 7 颗
- 匹配的线

尺码：3、4、5岁
无特殊说明均留1cm缝份

　　夹克的纸型将用于制作该款风衣，所以你需要在剪下纸型前对其进行修改。夹克的前片和后片都需要加长，由于要制作开衩，后片还需要加宽，另外风衣的前片还需要一些装饰。

1 将附页纸型中L1描摹在硫酸纸上，加长该夹克纸型的前片。将中心线延长15cm至点A，侧边斜线延长15cm至点B。连接点A和点B，绘制一条与原夹克纸型下摆边平齐的新下摆边。沿新画的线剪好纸型，此为前片纸型。

2 制作前片贴边纸型。再拿出一张纸，将新画好加长后的前片纸型中心部位描绘出来。自领口至下摆底边画一条中心线的平行线，相隔7cm。从肩线向中心线画一条领口的平行线，相隔5cm。圆盘置于两条线相交处，边缘分别与两条线相切，利用圆盘轮廓将夹角修改成圆角。沿此线剪下纸型，为前片贴边纸型。

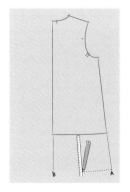

3 将附页纸型中L2描摹在硫酸纸上，加长该夹克纸型的后片。将侧边斜线延长15cm至点A，中心线延长15cm至点B。连接点A和点B，绘制一条与原夹克纸型下摆边平齐的新下摆边。

4 在后片纸型中心线上自B点向上20cm处标记点C，连接BC。从B向外侧横向延伸6cm至点E（BE与BC垂直）；从点E向上竖向延伸18cm至点D，连接DE（DE与BE垂直），连接CD，绘制好带有后衩延伸处的纸型。

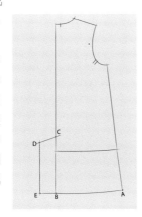

5 后片领口中心点向外侧延长1cm，画一条中心线的平行直线与斜线CD相交，为后片中心线增加1cm缝份。沿新画的线剪好纸型，此为后片纸型。

6 在印花布上裁剪两片前片、两片前片贴边、两片后片、两片袖子、两片衣领（上片与下片）、两片17cm×19cm的口袋用布、两片17cm×19cm的袋盖用布。取掉纸型前，须将所有记号在布料上做好标记。

7 在领口布边1cm处锁边缝，防止裁片的曲线处弹性延展（参见第112页）。

8 在贴边的背面熨烫好带胶中厚布衬（参见第112页）。每一片贴边的内侧边缘都用珠针别好包边条，车缝包边（参见第118页）。贴边顶端略窄的边向内折入1cm，放在一边备用。

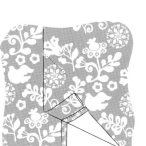

9 每片后片开衩处长边用包边条包边（参见第118页）。

10 取其中一片17cm×19cm的布料制作成口袋（参见第117页）。将其固定车缝在风衣前片，距离中心线大约7cm、下摆底边12cm处。

11 取其中一片17cm×19cm的布料制作成长方形袋盖（参见第117页）。翻到正面，熨烫，沿边缘车明线，并在对角线上制作两个扣眼。将袋盖固定在口袋上方1cm处（参见第117页）。

12 重复步骤10、11，用剩下的两片17cm×19cm的布料制作好风衣另一前片的口袋和袋盖。

13 风衣后片正面相对缝合，开衩对齐。

14 打开后片，将缝份与后开衩向同一方向熨烫。再将其正面向上，再次熨烫折缝，并在开衩的上端车一道斜线将几层布料同时车缝缝合。

15 风衣前片和后片正面相对，肩线缝合。

16 在上层衣领背面熨烫布衬并制作好衣领。将衣领安装在风衣上（参见第115页）。

17 前片贴边与风衣前片、领口正面相对，用珠针别好，几层布料同时固定缝合。修剪缝份与夹角，并在弧度处剪牙口。将贴边翻到内侧并熨烫。贴边折起的短边与肩线处的缝份缝合在一起。

18 风衣前片和后面正面相对，两胁缝合。

19 用缝纫机上最长的针脚，在袖山合印记号之间车一条线，轻微抽褶，便于之后将其缝入袖窿中。

20 袖子横向折叠，正面相对，布边对齐，缝合袖下线。袖口向内折入3cm单层卷边缝好。用同样的方法制作好另一只袖子。将袖子安装在衣身上（参见第114页）。

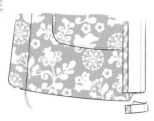

21 贴边翻到外侧，风衣衣摆底边与贴边底边对齐，用珠针别好，疏缝，将两边车缝缝合。修剪好贴边的底边，剪掉多余的夹角，把贴边翻到内侧，熨烫。衣摆底边向内折入3cm熨烫并车缝。

22 在风衣前片缝上三颗纽扣，平均相隔13cm；另外缝好口袋上的四颗纽扣。

香料岛

　　吓我一跳！对于一个小海盗来说这当然是最完美的打扮。市售的 T 恤用古怪的"海盗旗"——一个假笑的骷髅，交叉的弯刀替代了典型的交叉腿骨——来装饰。富贵又热辣的几何蜡染图案，为棉布裤子增添了几分印第安土著的味道。造成视觉陷阱的假前门襟为"真实"提供了新的注解，并且非常容易制作。

准备材料：

T恤

- 市售 T 恤一件
- 贴布模板（头骨、眼罩、头巾、弯刀），见第 124 页
- 各色棉府绸碎布片，用于贴布
- 奇异衬（MF 纸）
- 匹配的线和撞色线

裤子

- 附页纸型 N——前片（N1），后片（N2），腰带（N3）
- 口袋模板 4，见第 125 页
- 112cm 幅宽印花布 90cm
- 带胶中厚布衬
- 撞色织带 4cm
- 1.8cm 宽松紧带 36cm
- 匹配的线

尺码：3、4、5岁
无特殊说明均留1cm缝份

T 恤

1 将头骨、眼罩、头巾、弯刀图案描在卡纸上并剪下。用美工刀仔细刻下头骨上的眼眶、鼻孔。剪一块足够大的可以容纳下图案的奇异衬。把奇异衬放在贴布用布料的反面，胶面朝下，用熨斗熨烫使其黏合（参见第118页）。

2 卡纸模板翻过来放在奇异衬的纸面上，用铅笔沿卡纸模板在已经粘好布料的奇异衬的纸面上分别描画图案，弯刀需一正一反描画两份。仔细剪下放在一边备用。

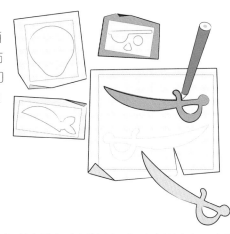

3 在衣服前胸选好合适位置，把贴布图案背后奇异衬的纸撕去，将图案熨烫在T恤上（参见第118页）。用锯齿形线迹（Z形线迹）沿眼罩、眼眶、鼻孔、头巾所有边缘拷边，如果你愿意，还可以更换不同颜色的线。用细密的锯齿形线迹（Z形线迹）在头骨上车出狡猾的笑容。

4 为弯刀选好合适的位置，并和其他贴布图案一样熨烫在T恤上。

5 把弯刀卡纸模板的刀片部分修剪掉，刀把部分放在粘好奇异衬的撞色布纸面上。沿模板描画一份，将模板翻过来再描画一份。仔细剪好图案，再把它们熨烫在T恤上短弯刀的刀把处。用细密的锯齿形线迹（Z形线迹）沿整个弯刀图案的边缘拷克，如果你愿意，可以更换不同颜色的线。

裤子

1 将附页纸型中N1、N2、N3描摹在硫酸纸上并剪下。在印花布上裁剪两片前片、两片后片、一片腰带（在折叠的布料上）、两片17cm×19cm的长方形口袋用布。取掉纸型前，须将所有记号在布料上做好标记。

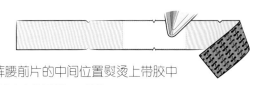

2 在裤腰前片的中间位置熨烫上带胶中厚布衬（参见第112页）。

3 制作口袋，将长方形口袋布的一条短边向内折入2cm，沿边缘将几层布料同时车缝，制作完成（参见第117页）。

4 将口袋放在距离裤腿后片腰线5cm处，侧边插入用4cm长的撞色织带折叠好的侧标，沿边缘车缝固定。重复步骤3、4，制作好另一条裤腿上的口袋。

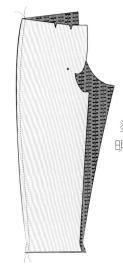

5 裤子前片与后片正面相对，车缝侧边。缝份倒向裤腿后片熨烫，连同缝份一起在侧边接缝处车明线。

6 裤子前、后片正面相对，车缝下裆线。缝份摊开并熨平。用同样的方法制作好另一条裤腿。

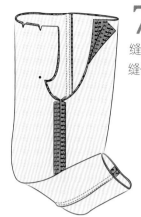

7 一条裤腿翻到正面，套在另一条裤腿中，两条裤腿布料正面相对。对齐布边，用珠针别好，疏缝，从后裆车至前裆纸型上标记的门襟记号点。修剪缝份并在弧度处剪牙口。

8 制作假前门襟（参见第116页）。

9 制作并安装松紧带腰带，留一段开口穿入松紧带，缲缝开口使其闭合（参见第116页）。

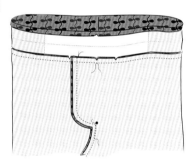

10 每条裤腿的裤脚口向内折入2cm，在合适的位置车缝固定。

玛格丽特小姐

这款可爱的套装是为了表达对谦逊的雏菊的喜爱。装饰在市售 T 恤上的一朵朵盛开的花儿在夏日微风中摇曳，利用饼干模具设计出的花朵装点着波涛起伏的裙摆。把裙角往上翻，扣好扣子，少女裙马上就可以变成一条有趣的、口袋超多的迷你裙。

准备材料：

T恤

- 市售 T 恤一件
- 贴布模板（大树），见第 120 页
- 棉府绸布 20cm×20cm，用于贴布
- 雏菊凸边花边 50cm
- 布用胶水
- 奇异衬（MF 纸）
- 匹配的线和撞色线

裙子

- 附页纸型 R——前片（R1），后片（R1）
- 贴布模板（雏菊），见第 120 页
- 条纹布 60cm×90cm
- 水玉布 50cm×90cm
- 棉府绸布 40cm×40cm，用于贴布
- 奇异衬（MF 纸）
- 1.8cm 宽松紧带 58cm
- 直径 2cm 纽扣 8 颗
- 匹配的线

尺码：3、4、5岁
无特殊说明均留1cm缝份

T 恤

1 将大树图案描在卡纸上并剪下。剪一块足够大的可以容纳下图案的奇异衬。把奇异衬放在贴布用布料的反面，胶面朝下，用熨斗熨烫使其黏合（参见第118页）。

2 卡纸模板放在已经粘好布料的奇异衬的纸面上，用铅笔沿卡纸模板描画图案。用美工刀仔细刻下放在一边备用。

3 在衣服前胸选好合适位置，把贴布图案背后奇异衬的纸撕去，将图案熨烫在T恤上（参见第118页）。用锯齿形线迹（Z形线迹）沿图案边缘拷边。当车缝衣服前片正面图案的时候，建议把T恤的前、后片分开，避免不小心将其缝在一起。

4 将雏菊凸边花边上的花朵分别剪开，用布用胶水或者比较小的手缝针脚一个一个固定在衣服上。

裙子

1 将附页纸型中R1描摹在硫酸纸上并剪下。在剪下纸型之前仔细描绘雏菊边缘，它们的形状对于它们在裙子和衬里上的精确位置非常重要。

2 在条纹布上裁剪两片前片、两片后片，两片9cm×40cm的布条作为腰带。在水玉布上裁剪两片前片、两片后片，作为裙子衬里。在外裙和衬里裙腰中心部位的布边上都做好标记。

3 在贴布用布的背面熨烫好奇异衬，利用模板描绘16片雏菊并仔细剪下。

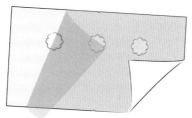

4 将一片外裙正面向上放置在工作台上,取三片雏菊置于腰线下方,雏菊模板放在布料上,检查每一片雏菊的位置是否都正确。拿掉纸型,用热熨斗将雏菊贴布粘贴好,边缘用细密的锯齿形线迹(Z形线迹)拷克(参见第118页)。用同样的方法处理另一片外裙。

5 外裙前、后片正面相对,两侧缝合。缝份摊开并熨平。在缝合线上方各熨烫拷克一片雏菊,和之前的雏菊保持平齐。

6 将一片衬裙正面向上放置在工作台上,在裙摆底边上熨烫粘贴三片雏菊贴布(参见第118页)。用同样的方法处理另一片衬裙。

7 衬裙前、后片正面相对,两侧缝合。缝份摊开并熨平。在裙摆底边缝合线上各熨烫拷克一片雏菊,和之前的雏菊保持平齐。

8 外裙和衬裙正面相对,侧边和布边对齐,裙摆底边缝合。展开外裙和衬裙,将缝份熨平。衬裙翻到内侧,熨烫布边并车缝边缘。

9 侧边对齐,距裙腰布边1.5cm处将外裙与衬裙固定在一起,使两层不易错位。

10 将衬裙翻出朝外,平放在工作台上。外轮廓对齐,卡纸模板放在裙摆的一朵雏菊上,用铅笔在花朵中心做标记,并以此标记作为扣眼的起点制作扣眼。用同样的方法处理其余的雏菊。

11 将裙子翻到正面，平放在工作台上。外轮廓对齐，卡纸模板放在腰下的一朵雏菊上，用铅笔在花朵中心做标记，并缝上一颗纽扣。用同样的方法处理其余的雏菊。

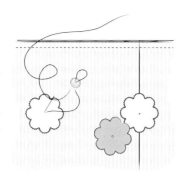

12 腰带正面相对，短边缝合，形成环状。缝份摊开并熨平。布料反面相对，布环横向对折熨烫出折痕；这一边将作为裙腰的顶端。打开，其中一条边向内折入1cm，熨烫。

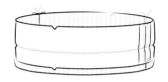

13 裙子的腰线处抽褶，使其周长与腰带相等（参见第114页）。

14 腰带未折叠的一端与裙腰布料正面相对，侧边对齐，前、后中心记号对齐，须确保褶皱平均分布。疏缝固定后车缝。

15 熨烫好褶皱处缝份，腰带翻到里侧，将其缲缝在裙腰上，留下穿松紧带的开口。

16 穿入松紧带，调整到腰部舒适的程度，把松紧带两端接缝好，并缝合腰带上的开口处。

现代浪漫

　　受童话和传说故事中小公主的启发，这款现代的 A 字裙着重采用精致的可以在胸前或背后交叉的丝带来装饰，领口和袖窿则采用平整的同色镶边，如此取代了繁杂的装饰，让这款迷人的夏日连衣裙像羽毛般轻盈。

1 将附页纸型中M1、M2描摹在硫酸纸上并剪下。在花朵印花布上裁剪一片前片（在折叠的布料上）、两片后片。取掉纸型前，须将所有记号在布料上做好标记。

准备材料：

- 附页纸型 M——前片（M1），后片（M2）
- 138cm 幅宽花朵印花布65cm
- 0.5cm 宽罗缎丝带（或棉织带）300cm
- 2.5cm 宽包边条135cm，用于领口和袖窿包边
- 直径 1.8cm 纽扣 5 颗
- 匹配的线

尺码：3、4、5岁
无特殊说明均留1cm缝份

2 在领口和袖窿布边0.5cm处锁边缝，防止裁片曲线处弹性延展（参见第112页）。

3 制作后片贴边，后片中心线布边向布料反面折入2.5cm，熨烫；该边再次向布料反面折入2.5cm，熨烫，双层卷边疏缝固定，再用缝纫机自领口起，距折叠布边0.5cm处一直车缝至裙摆底边。

4 前片与后片正面相对，肩线缝合。缝份摊开并熨平。

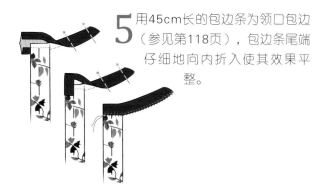

5 用45cm长的包边条为领口包边（参见第118页），包边条尾端仔细地向内折入使其效果平整。

6 裁剪六条4cm长的罗缎丝带（或棉织带）制作前片的襻环。每一条缎带对折。在裙子前片的一侧边车缝三个襻环——一个在腰线处、一个在腋下1.5cm处、一个在二者之间。用同样的方法固定好另一侧的襻环。

7 裙子前片和后片正面相对，缝合两侧。缝份摊开并熨平，每个袖窿用45cm长的包边条包边（参见第118页）。

8 拆除后片贴边的疏缝线，将折叠处打开，裙摆处的贴边翻到外侧，并车缝至底边记号处。

9 靠近车缝线修剪掉直角处的贴边。重复步骤8、9，处理好另一块裙子后片的贴边。

10 后片两贴边均向内侧折好并熨烫。将裙摆底边反折2.5cm熨烫，再将折起部位的布边向布料反面折入0.5cm熨烫，缲缝在合适的位置。

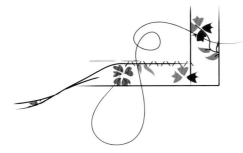

11 在左后片贴边上制作六个垂直的扣眼，自领口至裙摆底边平均分布。在右后片贴边上缝好纽扣。

12 将剩下的罗缎丝带（或棉织带）在襻环中穿好，形成时尚的十字交叉形，最后系成一个整齐的蝴蝶结。

春天里

　　这件非常吸引人的复古款连衣裙保证会得到各个年龄段人们的喜爱。上衣备有内衬，省去了在领口和袖窿处对技术要求比较高的包边或其他装饰。裙角清爽的花边，上衣漫布的秀丽的蕾丝花片，腰部的罗缎丝带，让这款普通的连衣裙的档次立获提升。

准备材料：

- 附页纸型 Q——衣身前片（Q1），裙身前片（Q2），衣身后片（Q3），裙身后片（Q4）
- 印花布 90cm × 128cm
- 素色布 50cm × 90cm
- 各式各样的蕾丝花片
- 4cm 宽孔眼花边（英格兰刺绣）175cm
- 2.5cm 宽罗缎丝带（或棉织带）140cm
- 拉链 28cm
- 匹配的线

尺码：3、4、5岁
无特殊说明均留1cm缝份

1 将附页纸型中Q1、Q2、Q3、Q4描摹在硫酸纸上并剪下。在素色布上裁剪两片衣身前片（在折叠的布料上）、四片衣身后片。在印花布上裁剪一片裙身前片（在折叠的布料上）、两片裙身后片。取掉纸型前，须将所有记号在布料上做好标记，并在所有前、后片的中心位置也做好标记。

2 在领口布边0.5cm处锁边缝，防止裁片曲线处弹性延展（参见第112页）。

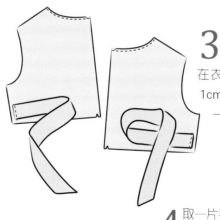

3 用于后腰带的罗缎丝带（或棉织带）一分为二。其中一段车缝固定在衣身后片腰线上方1cm、距离胁边1cm处。另一段用同样的方法固定在另一片衣身后片腰部。

4 取一片衣身前片与步骤3加工过的两片衣身后片正面相对，肩线缝合，缝份摊开并熨平，作为衣身外层，放在一边备用。

5 剩下的衣身前片和后片正面相对，肩线缝合，缝份摊开并熨平，作为衣身衬里。距衬里每一片底边1cm处车线。沿此线仔细向布料反面折入，并熨烫。

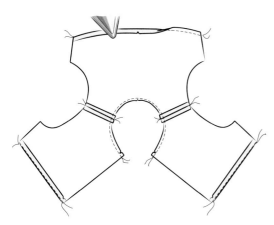

6 衬里与外层正面相对，前、后片中心线和肩线分别对齐，用珠针别好，沿袖窿、领口车缝缝合。在所有曲线部位剪好牙口。

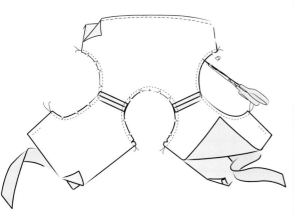

7 分别通过肩部将衣身后片翻出，衬里翻到内侧。仔细熨烫缝份，使边缘看起来更利落。

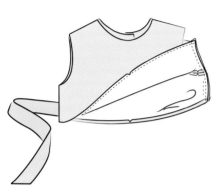

8 打开在侧外层、衬里前片与外层、衬里后片，使外层前、后片正面相对，衬里前、后片正面相对，形成一条直线，连续车缝该直线。用同样的方法缝合右侧胁线。将衬里翻好，熨烫，放在一边备用。

9 两片裙身后片正面相对，以1.5cm为缝份车缝缝合后片中心线，从裙摆底边车至合印记号点停止。缝份摊开并熨平，未缝合部位也分别向两侧折1.5cm烫平，该处是为拉链预留的。

10 裙身前、后片正面相对，缝合两侧边。缝份摊开并熨平。

11 用缝纫机上最长的针脚，在裙摆底边1.5cm处车参考线，沿此线向布料反面折入，疏缝并熨烫。在折起布边的1cm处将几层布料同时车缝缝合。拆除疏缝线和参考线。处理好裙摆底边。将孔眼花边用珠针固定在裙摆底边的反面，使其悬挂在裙摆下，在合适的位置车缝。

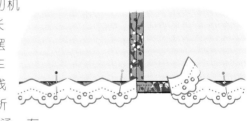

12 裙腰处抽褶使其与衣身底边等长（参见第114页）。裙子与衣身外层正面相对，中心线和侧边分别对齐，用珠针固定好，确保褶皱平均分布。疏缝后，将裙子与衣身外层车缝在一起。腰线缝份倒向上衣熨烫。

13 将熨烫好并车有参照线的衣身衬里缝份与衣身外层和裙子的接合缝份对齐，用珠针固定后缲缝。缲缝时，让手缝针穿过车缝线针脚，这样看起来边缘衔接更平整。

14 后中心线分别折烫1.5cm。使熨烫好的中心线边缘靠拢，将拉链置于裙身和裙子下方，仔细疏缝在合适的位置。沿着疏缝线，将拉链与几层布料同时车缝固定。拉链顶端向内折入。

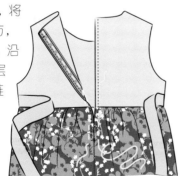

15 在衣身前、后随机固定各式各样的蕾丝花片。

准备材料：

马甲（背心）

- 附页纸型 S——前片（S1），后片（S2）
- 口袋模板 1，见第 125 页
- 印花布 50cm×60cm
- 145cm 幅宽素色布 45cm
- 1.5cm 宽包边条 12cm
- 1.5cm 宽罗缎丝带（或棉织带）4cm
- 带胶薄布衬
- 直径 1.8cm 纽扣 3 颗
- 匹配的线和撞色线

裤子

- 附页纸型 N——前片（N1），后片（N2），腰带（N3）
- 口袋模板 4，见第 125 页
- 口袋模板 5（长方形袋盖），见第 125 页
- 纱卡布 80cm×156cm
- 带胶中厚布衬
- 直径 2cm 纽扣 9 颗，其中 3 颗是撞色纽扣
- 2.5cm 宽人字带 8cm
- 1.5cm 宽包边条 10cm
- 1.8cm 宽松紧带 39cm
- 匹配的线和撞色线

尺码：3、4、5 岁
无特殊说明均留 1cm 缝份

摩洛哥之路

　　这款清新、耀眼的套装，将在气温上升的盛夏里带来几分清凉。洁白的纱卡裤有很多口袋，细节处装点着有趣的色彩明亮的纽扣。带衬里的马甲（背心）背后有可调节的系带，它的正面像瓷砖一样华丽，还有用来装零花钱的精致零钱袋和显得有些唐突的撞色扣眼。

马甲（背心）

1 将附页纸型中 S1、S2 描摹在硫酸纸上并剪下。在印花布上裁剪两片前片、一片边长 12cm 的正方形口袋用布，在素色布上裁剪两片前片和两片后片。取掉纸型前，须将所有记号在布料上做好标记。在剩下的素色布上裁剪两片 8cm×30cm 的布条用于制作后系带。

2 在马甲衬里布反面，在要制作扣眼的位置熨烫上带胶薄布衬（参见第 112 页）。

3 距离马甲所有衬里的肩线、外层后片和衬里后片的下摆底边中间位置 1cm 处车参考线。沿此线向布料反面折入并熨烫。

4 制作口袋，将口袋布的一条布边包边（参见第118页）。制作好口袋（参见第117页），并将其固定在马甲前片，距离下摆尖角9cm、胁边6cm处。固定时侧边插入用4cm长的罗缎丝带（或棉织带）折成的口袋侧标。

5 用8cm×30cm的布条制作好两条后系带（参见第113页）。

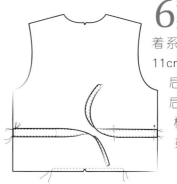

6 将系带别在马甲外层后片胁边、距离下摆底边8cm处。沿着系带上之前车过的线迹车缝11cm，再向下车缝系带窄边，然后回车至胁线，如此将系带和后片衣身缝合在一起。重复同样的方法将另一侧的系带固定好。

7 马甲外层前、后片正面相对，缝合两胁，缝份摊开并熨平。用同样的方法缝合马甲衬里前、后片。

8 外层与衬里正面相对，将除了肩线外的所有边缝合。在后片下摆底边处留返口，以便将马甲翻到正面。

9 修剪掉多余的缝份、夹角，并在弧度处剪牙口，从返口处将马甲正面翻出，缝合返口，缲缝时让手缝针穿过之前车好的车缝线针脚，这样看起来边缘衔接更平整。

10 马甲外层的前片和后片正面相对，缝合肩线。修剪掉缝份上多余的夹角。

11 马甲衬里肩线处的缝份向内折入，缝合开口，缲缝时让手缝针穿过之前车好的车缝线针脚，这样看起来边缘衔接更平整。

12 在马甲左前片制作三个扣眼（其中一个用撞色线缝制），位置平均分布，在右前片缝好纽扣。

裤子

1 将附页纸型中N1、N2、N3描摹在硫酸纸上并剪下。在纱卡布上裁剪两片前片、两片后片、一片腰带（在折叠的布料上），两片17cm×19cm的长方形口袋用布、四片17cm×19cm的长方形袋盖用布。取掉纸型前，须将所有记号在布料上做好标记。在腰带前片的中间位置熨烫上带胶中厚布衬（参见第112页）。

2 制作口袋，将一片长方形口袋用布的一条短边向内折入2cm，沿边缘车缝。将口袋制作完成（参见第117页）。重复同样的方法制作好另一只口袋，放在一边备用。

3 用四片长方形袋盖用布制作四个袋盖（参见第117页）。翻到正面，熨烫，沿边缘车缝，每个袋盖上制作两个倾斜的扣眼。

4 将两个袋盖横向居中分别固定在两片裤腿后片距离腰线7cm的位置（参见第117页），在裤腿合适位置缝好纽扣。剩下的两个袋盖放在一边备用。

5 裤子前片与后片正面相对，剪取4cm长的人字带，折好插入其中一条侧边制作成装饰侧标，车缝侧边。缝份倒向裤腿后片熨烫，连同缝份一起在侧边接缝处车明线。

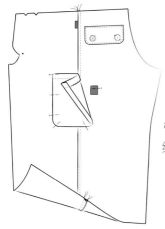

6 将口袋放在距离裤腿前、后片腰线下方24cm、侧边左侧8cm处。其中一个口袋插入用剩下的4cm长的人字带折好的口袋侧标，沿口袋边缘车明线。

7 每个口袋上方1cm处固定车缝袋盖（参见第117页）。在口袋上缝好纽扣。

8 裤腿前、后片正面相对，车缝裤腿内侧下裆线。缝份摊开并熨平。用同样的方法制作另一条裤腿。

9 把一条裤腿翻到正面，并套在另一条裤腿中，两条裤腿布料正面相对。对齐布边，用珠针别好，疏缝，从后裆车至前裆纸型上标记的门襟记号点。修剪缝份并在弧度处剪牙口。

10 制作假前门襟（参见第116页）。

11 裤子翻到正面，在前门襟处用撞色线车缝两小段细密的锯齿形线迹（Z形线迹）。再在前门襟上用撞色线制作一个装饰性扣眼，车缝扣眼时几层布料同时车缝在一起，该扣眼位于腰线下方3cm（不要将扣眼剪开）。用10cm长的包边条制作一条布环，将它缝在裤腰边缘。

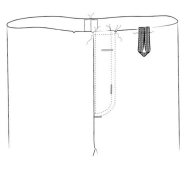

12 制作并安装松紧带腰带。腰带缝合在裤腰上，穿入松紧带，腰带开口处手工缲缝（参见第116页）。

13 每条裤腿的裤脚口向内折入2cm熨烫，在合适的位置车缝。在前门襟装饰扣眼处缝好纽扣。

技巧

纸型与模板

描绘纸型与模板

制作本书童装所需纸型均在书后附页中。全部为实物大纸型，无须扩印。请选择所需尺码，将对应纸型及所有标记描绘至硫酸纸、描图纸或样板纸上，剪下即可；如果没有特殊说明，纸型都已包含1cm缝份（车缝线），但并没有在纸型上印制出来。

贴布和服装上的口袋、腰襻模板在120~125页。将你需要的模板和模板上所有标记描绘在薄卡纸上。再把卡纸放置在布料的反面，用裁缝画粉或气消笔沿轮廓描绘。

合印记号

纸型边缘的短直线是不同纸型合印时的指示记号。用裁缝画粉或气消笔将它们从纸型上复制到布料上。或者，在布边剪一个"切口"标记。这也是标记折叠线终点和中心线的好办法。

位置记号

纸型上的点是对应位置的指示记号，例如口袋、纽扣、孔眼花边以及装饰刺绣应在位置的指示点。布料裁剪后，纸型取掉之前，用珠针、画粉或者气消笔将位置记号复制在布料的反面。

通用技巧

裁布

将布料平整地放在平直的表面上。裁一整片版型时，纸型放在单层布料的正面。裁两片左右"镜像"版型时，布料正面相对折叠，纸型放在双层布料上。用一半纸型裁对称版型时，布料正面相对折叠，纸型的折双线与布料的折叠线对齐。用珠针将纸型别在布料上，使用锋利的裁布剪沿纸型边缘剪裁。

带胶布衬加固

布衬用来加固衣物某些部位，或是增强衣物某些部位的硬挺性，例如衣领、肩带、袋盖、裤腰等。带胶布衬的一面有热熔胶，使用非常容易。布衬有胶的一面放置在衣料反面，用熨斗，按照生产商的说明来操作完成。检查布衬与布料是否全部黏合，松散的部位再次进行熨烫。

锁边缝

这是一种用细小的缝纫机针脚在曲线缝纫处锁边的方法。距离固定缝线大约0.5cm锁边，以防止弯曲布边弹性延展和纱线散脱。

双层卷边缝

根据每款童装给出的数据，将布边向布料反面折叠熨烫，并再次反向折叠，用珠针固定、疏缝、熨烫，在尽可能靠近折叠布边的合适位置进行车缝。

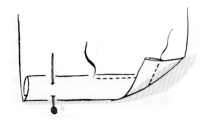

截短拉链

1 量取拉链开口的长度，并将该长度在拉链布带上做好标记。打开拉链，在上止点下方剪断。

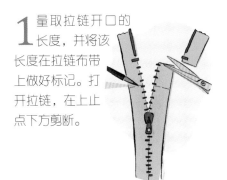

2 尼龙拉链，仔细剪掉标记上方的拉链齿，修剪后的拉链布带向下折叠，用扣眼线在两边拉链布带第一颗拉链齿上方缝一个小小的阻断。

3 金属拉链，取下两边布带上的拉链上止并保留。用钳子去除标记上方的拉链齿，并将上止重新安装在所保留的拉链齿的上方。

制作腰带、肩带与装饰带

方法一

尺寸请参照制作步骤中的材料说明；每一条腰带、肩带或者装饰带需要两片布。布料正面相对，布边对齐，用珠针别好，疏缝、车缝，留下较短的直边开口。缝份布边修剪掉0.5cm，并将尖角修剪掉。翻到正面，熨烫。

方法二

尺寸请参照制作步骤中的材料说明；每一条腰带、肩带或者装饰带需要一片布。将布条横向对折熨烫。打开，其中一短边向布料反面折入1cm熨烫。两长边向中心折线折叠熨烫。沿中心折线再次对折，尽可能靠近两长边和折起的短边边缘车缝明线。

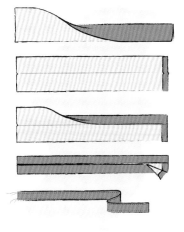

手缝抽褶

用手缝针和线沿布边缝平针抽褶。起针前线尾打结，缝好后轻轻拉线的另一端使布料抽褶达到所需长度，确保褶皱要均匀。结尾处再缝几针进行加固。

机缝抽褶

用缝纫机上最长的针脚，在需要抽褶布边的1cm两侧车两条平行线，一条距离布边0.5cm，另一条距离布边1.5cm。起点处用珠针固定，轻轻拉两根线的另一端使布料抽褶达到所需长度，确保褶皱要均匀。再用另一根珠针别住尾端。当抽褶布与另一片布料缝合时，使用普通长度针脚，在平行线之间车缝。缝合后，拆除两条平行线，完成。

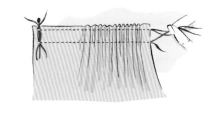

制作松紧褶边

缝纫开始前先将布边双层卷边缝或"拷克"。已经抽褶好的布料反面向上放置在工作台上。将一段松紧带(长度参照各项制作中具体数据)的尾端用珠针与布边的一端固定在一起。使用缝纫机，机针同时插入松紧带与布料的一端。开始时原地车缝几针加固。布料的一端稳稳拿在手中，另一只手拉住另一端，使松紧带延伸与布料同长。仔细地将松紧带与布料缝在一起，确保松紧带与布边平行，并且下方的布料尽可能平坦。

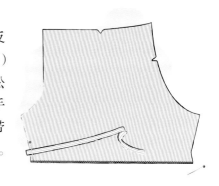

安装袖子

1 用缝纫机最长的针脚，在袖山两合印记号之间、布边1cm内侧车缝。布料正面相对，缝合袖下胁线，缝份摊开并熨平。

2 布料正面相对，袖子用珠针与袖窿固定在一起，对齐胁线、袖子/袖窿记号（切口）、袖山中心标记点与肩线，以及剩下的两个标记点。

3 抽拉宽松的车缝线，使袖山形成轻微褶皱并适合袖窿，记得褶皱要均匀分布。用珠针别好，疏缝，将袖子车缝在合适的位置。取掉宽松的车缝线，用蒸汽熨斗熨烫使褶皱收缩。

安装衬衫衣领

纸型上所有的合印记号（切口）与标记点须复制在对应的布料裁片上。

1 衣领上片的背面熨烫带胶布衬，在标有记号的布边1cm处车缝，沿此线折叠并熨烫。

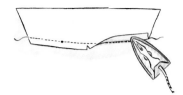

2 衣领上片和衣领下片布料正面相对缝合，留下标有记号的布边不缝。修剪缝份并剪掉多余的夹角。将衣领翻到正面并熨烫。

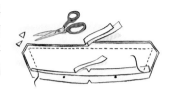

3 上衣领口锁边缝。布料正面相对，衣领下片与上衣领口布边对齐、切口记号点对齐、衣领两端与上衣前片中心线对齐、肩线与相应记号点对齐，用珠针别好。将衣领车缝在领口处。

4 修剪缝份，剪掉多余的夹角，缝份向领子内侧熨烫。将衣领上片熨烫好的折边手工缲缝或车缝在领口。

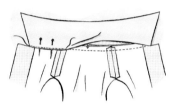

安装风衣衣领

纸型上所有的合印记号（切口）与标记点须复制在对应的布料裁片上。

1 衣领上片的背面熨烫带胶布衬，在标有记号的布边1cm处车缝。在记号点的缝份上剪切口，将两切口之间的缝份烫平，如图所示。

2 布料正面相对，衣领上片和衣领下片布料正面相对缝合，留下标有记号的布边不缝。修剪缝份并剪掉多余的夹角。将衣领翻到正面熨烫。

3 布料正面相对，布边对齐，切口记号点对齐、肩线与相应记号点对齐，用珠针将衣领下片与上衣领口别好。将衣领两端的上片、下片与上衣前片同时固定缝合至切口折叠熨烫的缝份处。

4 衣领下片尚未缝合的部位与上衣领口缝合。如果上衣贴边已经制作好（参照每款制作实际情况），仔细地将衣领上片布边缝份折入，车缝在领口上。

制作假前门襟

1 一条裤腿翻到正面，套入另一条裤腿中，两条裤腿布料正面相对。对齐布边，用珠针别好，疏缝，从后裆车至前裆纸型上标记的门襟记号点。修剪缝份并在弧度处剪牙口。

2 将一片门襟延伸部位沿前中心线向内折入，熨烫，边缘车缝。

3 布料正面相对，外层门襟延伸部位放在内层门襟延伸部位上方，并在上边缘车缝。

4 以外层门襟延伸部位的曲线为车缝参照线，将两层门襟延伸部位缝合在一起。

制作松紧腰

　　裤腰双层卷边缝，依次向内折入 0.5cm 和 2cm，熨烫。用珠针别好，疏缝，在尽可能靠近折叠布边的合适位置车缝一圈，但要留下穿入松紧带的开口。如此制造出一条"轨道"。穿入松紧带（长度参照各项制作中具体数据），调整到腰部舒适的程度。把松紧带两端接缝好，并缝合轨道的开口处。

制作并安装松紧带腰带

1 在安装松紧带腰带之前，纸型上所有的合印记号（切口）与标记点须复制在对应的布料裁片上。布料正面相对，腰带短边缝合形成环状。缝份摊开并熨平。腰带布料反面相对纵向对折熨烫出折痕；这将作为腰带的顶端。打开，其中一边向内折入1cm，熨烫。

2 腰带未折烫布边与裤腰正面相对，裤腰前中心、侧边、后中心分别与腰带前中心、侧边、后中心对齐，用珠针别好，疏缝后车缝固定。

3 腰带熨烫折叠过的边缘向内折，用珠针别好，疏缝，在合适的位置车缝固定，烫衬部位边缘留一段开口。

4 穿入松紧带（长度参照各项制作中具体数据），调整到腰部舒适的程度。把松紧带两端分别与腰带布料同时纵向车缝，固定在裤腰烫衬部位两侧。

5 手工缲缝腰带的开口处。

制作口袋

　　正方形口袋布的一条边向内折入（尺寸参照各项制作中具体数据），熨烫后几层布料同时车缝。口袋模板与口袋布折叠后的上边缘对齐，其余布料将模板包裹起来，沿模板将其熨平。取掉模板，缝份修剪至1cm。

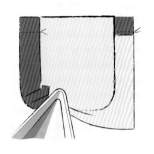

制作双层口袋或后腰襻

　　布料正面相对用珠针别好，仔细沿边缘车缝，其中一边留一小段开口作为返口。取掉珠针，仔细将缝份修窄。从返口翻到正面，用手将缝份捋平，熨烫。沿口袋或后腰襻边缘车明线固定于衣服上。

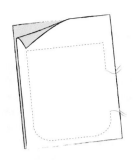

制作并安装袋盖

1 布料正面相对对折。模板置于对折后的布料上，直边与双层开口边对齐，沿模板描绘。两层铺平后用珠针别好，沿画线车缝。

2 取掉珠针，仔细将缝份修窄。

3 袋盖翻到正面，熨烫，沿边缘车缝，制作一个扣眼。袋盖的长直边置于口袋上方1cm处，开口边朝下，车缝固定在合适的位置上。修剪缝份，袋盖向下折，熨烫，沿袋盖上边缘将几层布料同时车缝。

装饰效果

包边

取略长于实际用量的成品包边条，用蒸汽轻轻熨烫好折边。布边平整地夹入包边条中。用珠针别好，疏缝，在合适的位置车缝固定。注意：在车缝曲线布边之前，需先使用蒸汽熨斗对包边条进行"烫缩定型"（先将包边条熨烫成弯曲的形状），避免起皱。

自己制作包边条，裁剪一段宽 5cm 的布条——与织边（布料自身的边缘）成 45 度斜裁。布条两侧布边分别向布料反面折叠，精准地聚拢于中心线两侧。蒸汽熨烫。两折边对齐，再次对折该布条，熨烫。安装方法同成品包边条一样。

锯齿锁边

布边向布料反面折入 1cm 或具体要求的尺寸，蒸汽熨烫。用细密的锯齿形线迹（Z 形线迹）沿布边车缝，缝纫机针需同时缝入下层布料中，布边都以车缝线包裹。仔细剪掉缝份，避免剪到缝线。

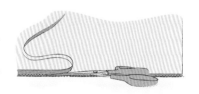

贴布

贴布图案描摹在薄卡纸上并剪下。裁剪一块能够容纳贴布图案、足够大的奇异衬。奇异衬胶面朝下放置在布料反面，用热熨斗熨烫粘贴。

1 模板放在已经熨烫好奇异衬的贴布布料的纸面上，用铅笔描画图案。仔细剪下图案，将背纸撕去。

2 贴布图案胶面向下放置在主布上，熨烫粘贴在合适的位置。沿图案边缘用细密的锯齿形线迹（Z 形线迹）拷克，使其看起来更专业。

制作蝴蝶结

在选好的布料或布条上截取一段（尺寸参照各项制作中具体数据），短边用锯齿形线迹缝合，使其成为环状。在环的中心车缝，将两层固定在一起。

剪一小段同样的布料或布条，环绕在布环中心，背后缝几针使其固定。将蝴蝶结安装在衣服的合适位置上。

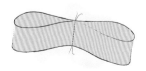

刺绣

回针缝

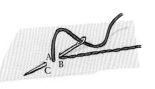

从右向左缝。A点出针，B点入针，再从C点穿出。A与B之间的距离应当和A与C之间的距离相等。下一回再从A入针。

法国结粒绣

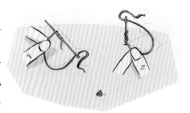

将针从布料的反面穿到正面。线在针尖上绕2或3圈，再将针扎入原先的出针点，用另一只手指尖固定住线结，将针穿入布料。

完美的收尾

熨平缝份

缝份从反面摊开并熨平，另有要求除外。（如果从正面熨烫缝份，有可能会使布料产生折痕。）如果缝合两片已经有缝份的布料，将第一条缝份摊开并熨烫，修剪掉缝份布边多余的夹角，用珠针固定前将布边尽最大可能对齐。

修剪缝份

为尽可能使衣领、袖口、腰带外形达到最佳效果，需要在缝纫后将缝份宽度修剪至 0.5cm。

修剪夹角

将缝份的夹角沿对角线方向修剪掉，以消除冗余、减轻厚度，并且当衣服翻到正面时，尖角可以达到更齐整的效果。

曲线边缘的收尾

对于曲线缝边，在缝合后修剪牙口是非常重要的环节，当衣服翻到正面时，曲线才能保持平滑，缝份才能被熨烫平整。内曲线，须剪出小的细缝；外曲线，须剪出 V 形缺口。

利用狗牙剪

利用狗牙剪的锯齿边在缝合后修剪缝份，不仅能将缝份布边须边的风险降到最低，而且也可以用来修剪曲线布边所需的牙口。

裁剪边的收尾

使用缝纫机上的锯齿形线迹（Z 形线迹）——最大的针脚宽度和长度——来加固布边和缝份边，使其尽量避免须边。或者，另一种更专业的收尾方法，使用拷边机或包缝机，可以在锁边的同时修剪掉未加工或未裁剪的布边。

贴布模板

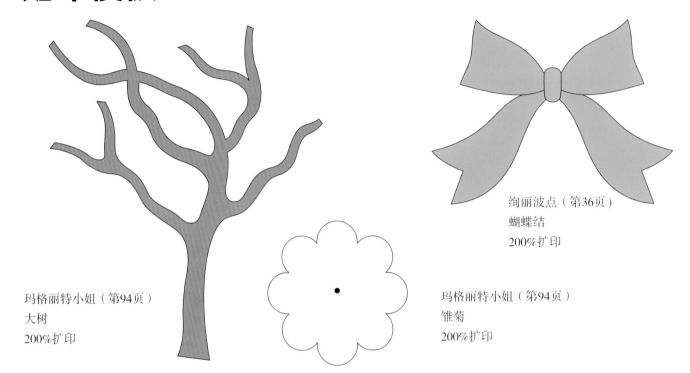

玛格丽特小姐（第94页）
大树
200%扩印

绚丽波点（第36页）
蝴蝶结
200%扩印

玛格丽特小姐（第94页）
雏菊
200%扩印

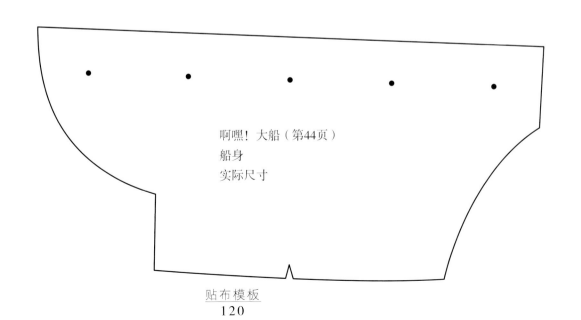

啊嘿！大船（第44页）
船身
实际尺寸

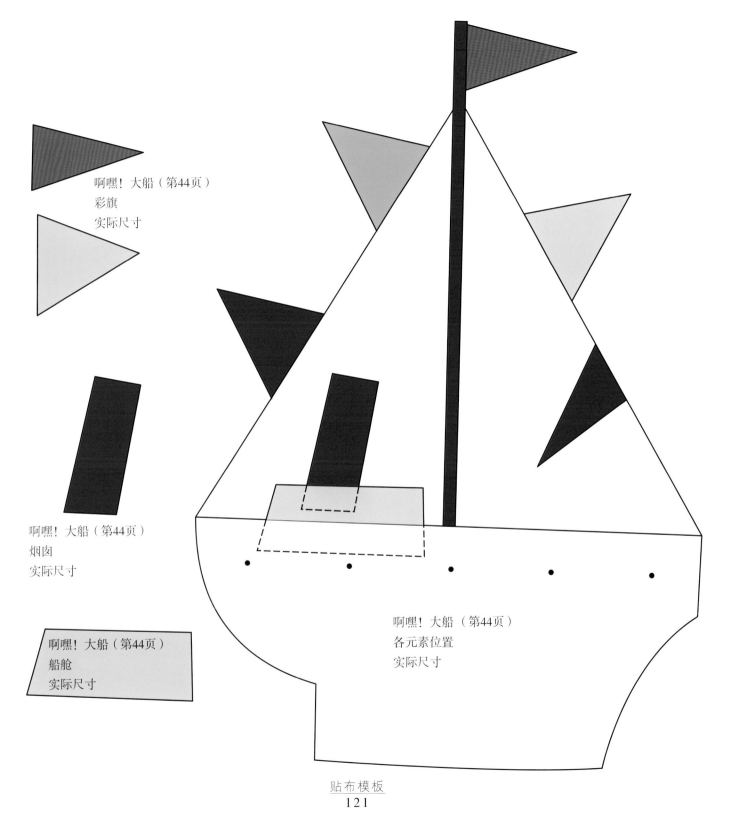

啊嘿！大船（第44页）
彩旗
实际尺寸

啊嘿！大船（第44页）
烟囱
实际尺寸

啊嘿！大船（第44页）
船舱
实际尺寸

啊嘿！大船（第44页）
各元素位置
实际尺寸

小怪兽（第9页）
头骨
200%扩印

热情夏威夷（第39页）
字母
200%扩印

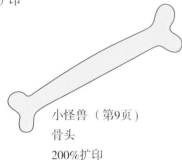

小怪兽（第9页）
骨头
200%扩印

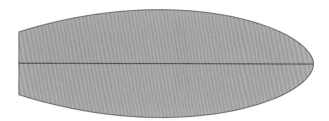

热情夏威夷（第39页）
冲浪板
200%扩印

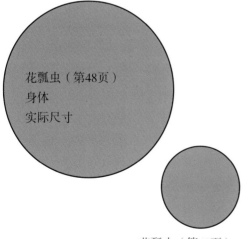

花瓢虫（第48页）
身体
实际尺寸

花瓢虫（第48页）
触角
实际尺寸

花瓢虫（第48页）
头
实际尺寸

花瓢虫（第48页）
头
实际尺寸

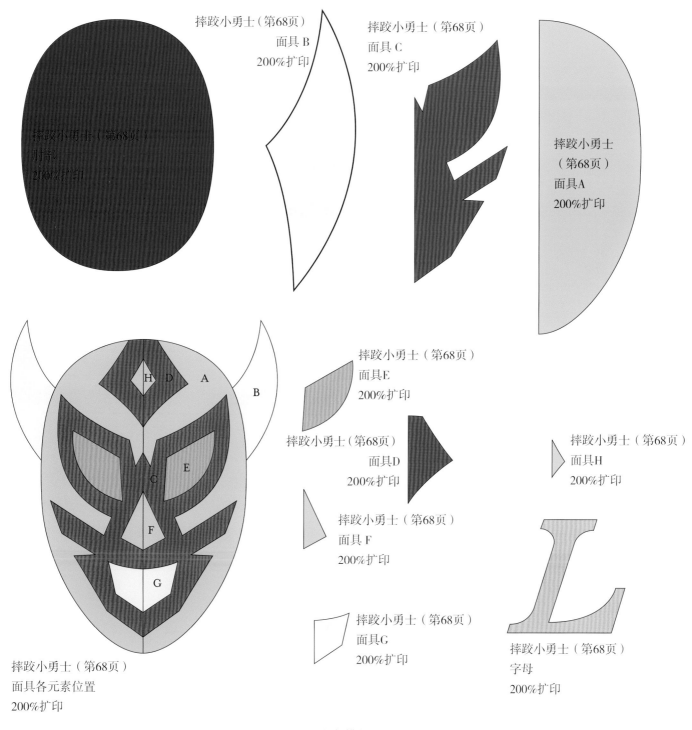

摔跤小勇士（第68页）
面具 B
200%扩印

摔跤小勇士（第68页）
面具 C
200%扩印

摔跤小勇士（第68页）
肘部
200%扩印

摔跤小勇士
（第68页）
面具A
200%扩印

摔跤小勇士（第68页）
面具E
200%扩印

摔跤小勇士（第68页）
面具D
200%扩印

摔跤小勇士（第68页）
面具H
200%扩印

摔跤小勇士（第68页）
面具 F
200%扩印

摔跤小勇士（第68页）
面具G
200%扩印

摔跤小勇士（第68页）
字母
200%扩印

摔跤小勇士（第68页）
面具各元素位置
200%扩印

香料岛（第90页）
头巾
200%扩印

香料岛（第90页）
弯刀
200%扩印

香料岛（第90页）
头骨
200%扩印

香料岛（第90页）
各元素位置
200%扩印

香料岛（第90页）
眼罩
200%扩印

滑板兄弟
（第28页）
200%扩印

口袋和腰襻模板

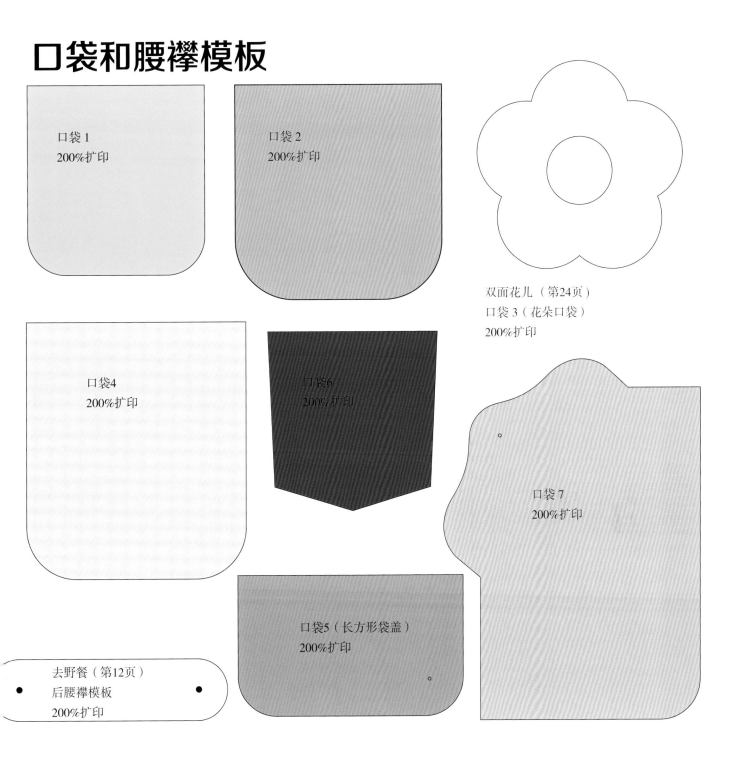

口袋 1
200%扩印

口袋 2
200%扩印

双面花儿（第24页）
口袋 3（花朵口袋）
200%扩印

口袋4
200%扩印

口袋6
200%扩印

口袋 7
200%扩印

口袋5（长方形袋盖）
200%扩印

去野餐（第12页）
后腰襻模板
200%扩印

尺码对照表

年龄	胸围	腰围	身高	
3 个月	47cm	44cm	62cm	
6 个月	49cm	46cm	68cm	婴儿
9 个月	51cm	48cm	74cm	
1 岁	53cm	50cm	80cm	
2 岁	56cm	52cm	92cm	幼儿
3 岁	57cm	53cm	98cm	
4 岁	58cm	54cm	104cm	儿童
5 岁	59cm	55cm	110cm	

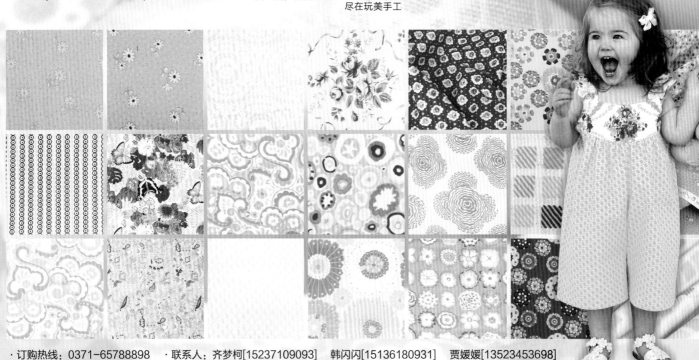